用麻绳、麻线编织的

幸运饰物

*108*款

日本宝库社　编著
甄东梅　译

河南科学技术出版社
· 郑州 ·

目录

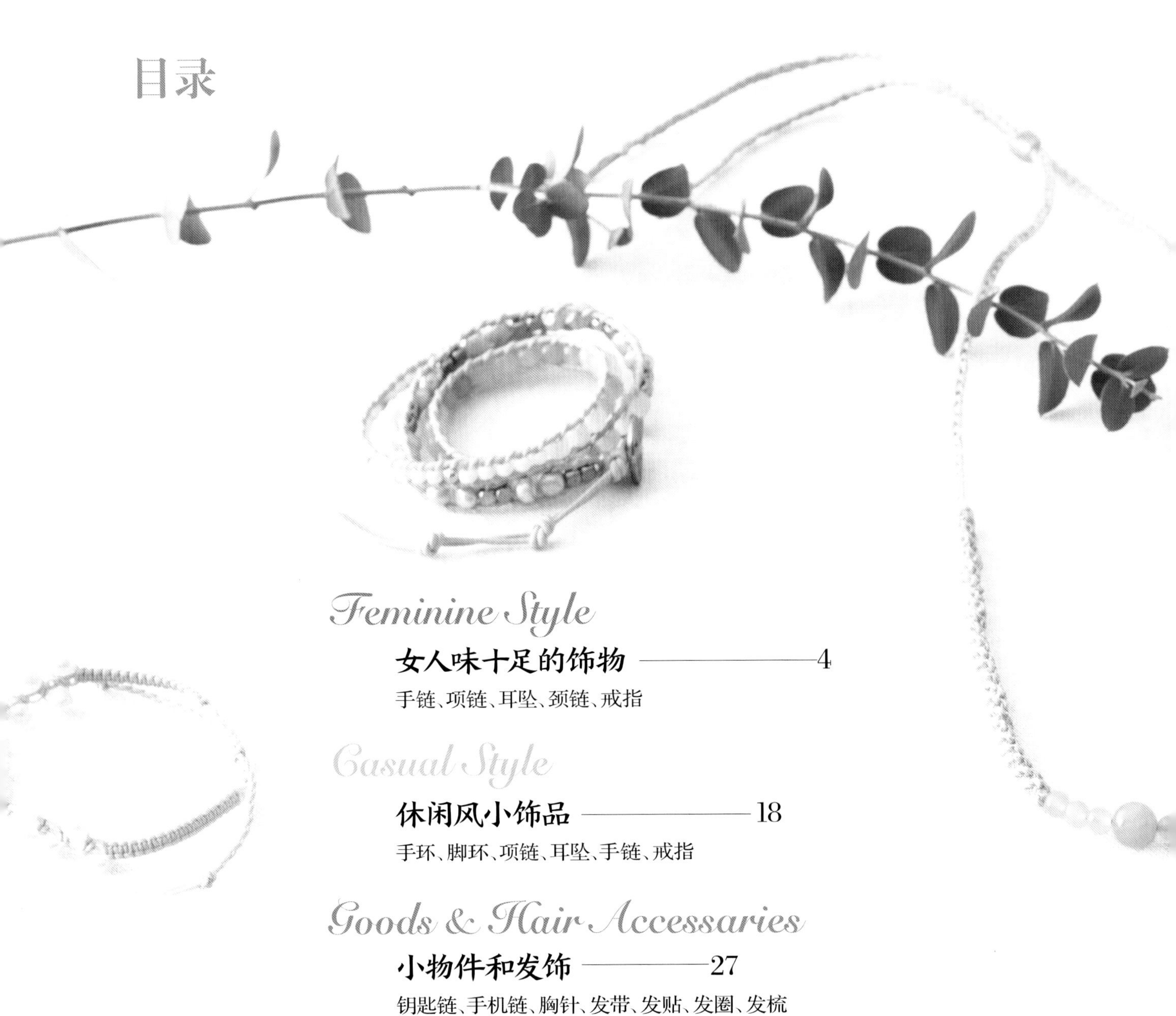

Feminine Style

女人味十足的饰物 ———— 4

手链、项链、耳坠、颈链、戒指

Casual Style

休闲风小饰品 ———— 18

手环、脚环、项链、耳坠、手链、戒指

Goods & Hair Accessaries

小物件和发饰 ———— 27

钥匙链、手机链、胸针、发带、发贴、发圈、发梳

让我们一起试着制作手链吧 —— 32

Lesson 1 平结编织的手链 …… 32

Lesson 2 斜卷结编织的手链 …… 34

基本编织技巧 —— 36

平结、扭结、并列平结(6根线) …… 36

左右结、环结、雀头结、本结、死结 …… 37

卷结(横卷结、斜卷结、纵卷结) …… 38

绳头结、单结、线圈结、三股辫、四股辫 …… 39

工具、使用线、串珠的穿法 …… 40

制作方法 —— 41

Feminine Style

女人味十足的饰物

暖色调的细麻绳搭配颜色鲜亮的串珠一起使用，
完成的作品不仅高端大气，而且还透出一种少女独有的可爱情怀。
搭配平常的衣物穿戴，整体的时尚感会得到提升。

1、2
手链

用细麻绳把水晶石或者珍珠等穿起来，然后编织平结。颜色搭配呈暖色调，使作品整体呈现出更鲜明的效果。

设计 伊藤丽华子　　制作方法 p.32、33

3 、4
手链

色彩鲜明的双色线，编织并列平结，成品独特的色彩搭配以及结扣的纤细感是整个作品的亮点。

设计 伊藤丽华子　　制作方法 p.41

5、6、7
手链

闪亮的水晶扣是整个作品的亮点，同时搭配金色的串珠，用卷结的方法编织。简洁的设计是整个作品的重点。

设计 伊藤丽华子　　制作方法 p.34、35

8、9、10
手链

环形的小配件中间搭配水晶石或者大颗珍珠是本作品的亮点。这里建议使用有光泽的不锈钢绳编织左右结。

设计 梦野 彩 制作方法 p.42

11

12

11、12
手链

使用水晶石制作的手链，在手腕上一圈一圈地缠绕起来佩戴，整体有一种华丽感。在线的中央穿上串珠，类似于梯子制作。

设计 伊藤丽华子　　制作方法 p.43

14

13

13、14
手链

用平结编织的简单手链，在上面加上银色或者金色的串珠，作品整体的华丽感瞬间提升。因为制作方法简单，所以特别推荐初学者尝试。

设计 梦野 彩　　制作方法 p.61

15、16
项链

17、18
手链

19、20
耳坠

用不同颜色、大小各异的串珠组合，完成的一组作品，包括项链、手链和耳坠。按照色调的和谐统一搭配后，再和衬衣或者小西服搭配穿戴，使整体穿搭更增添了几分纯净。

设计 知光 薰　　制作方法 p.46、47

21、*22*
手链

编织成螺旋状的纤细手链。日常搭配时，建议多编织几根一起佩戴，叠加起来更出效果。

设计 anudo　　　　　　制作方法 p.48

22

21

24

23

23、*24*
手链

作品 *23* 是冷色调、*24* 是暖色调。两个作品都是用3种不同颜色的线，编织斜卷结制作而成。只需在手链中间穿插上几颗金属串珠，就能完美地体现出成熟稳重的感觉。

设计 anudo　　　　　　制作方法 p.49

25、26
项链
27、28
手链

选用颜色清新的、彩色大串珠编织成项链。中间的大串珠是亮点，搭配服装穿戴，可以将颈部装点得更亮丽。同时，也要记得和成套的手链一起佩戴。

设计 加藤成实　　制作方法 p.50、51

29 项链

30 手链

31 耳坠

颜色雅致的大珍珠加上金属质地的金色串珠，制作成这套饰品，有项链、手链、耳坠。所有的作品都是用银灰色线编织左右结完成的。

设计 梦野 彩　　制作方法 p.52、53

32、33
手链
34、35
耳坠

这是一套非常奢华的手链和耳坠组合。最适合搭配正式的礼服穿戴。如果搭配简单的衬衫，也会呈现出完全不同的风格。

设计 加藤成实

制作方法 p.54~56

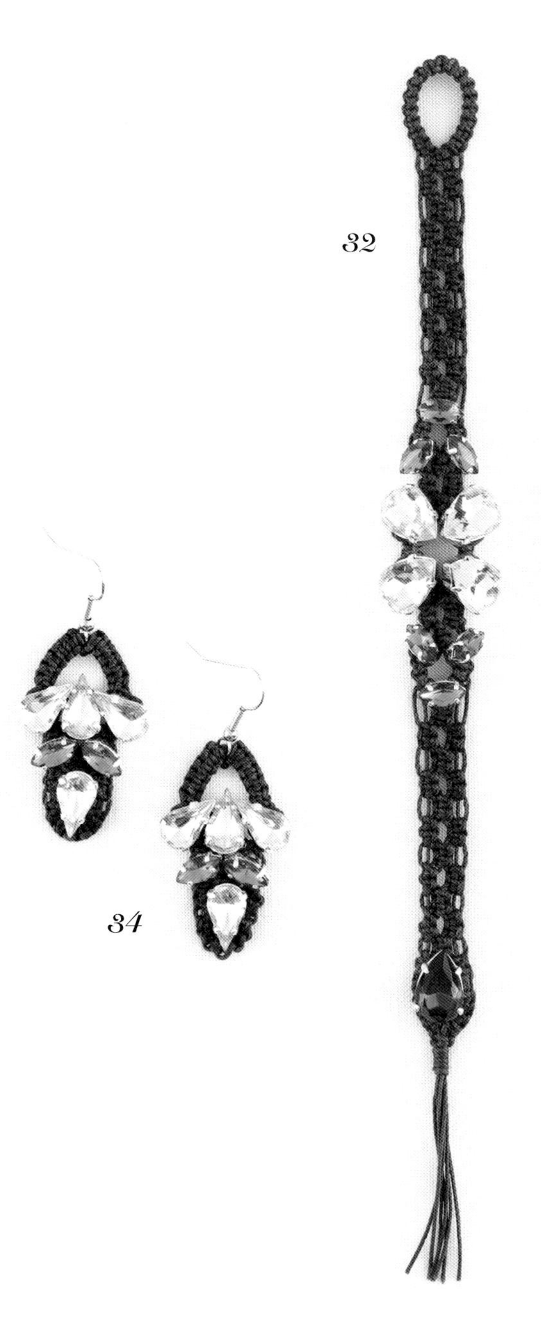

36

36
颈链

37
耳坠

按照斜卷结的方法，编织出“之”字形的花样，然后再搭配上细麻绳和水晶石。在日常的穿戴搭配中，会给人一种端庄典雅的感觉。

设计 anudo　　　制作方法 p.64、65

37

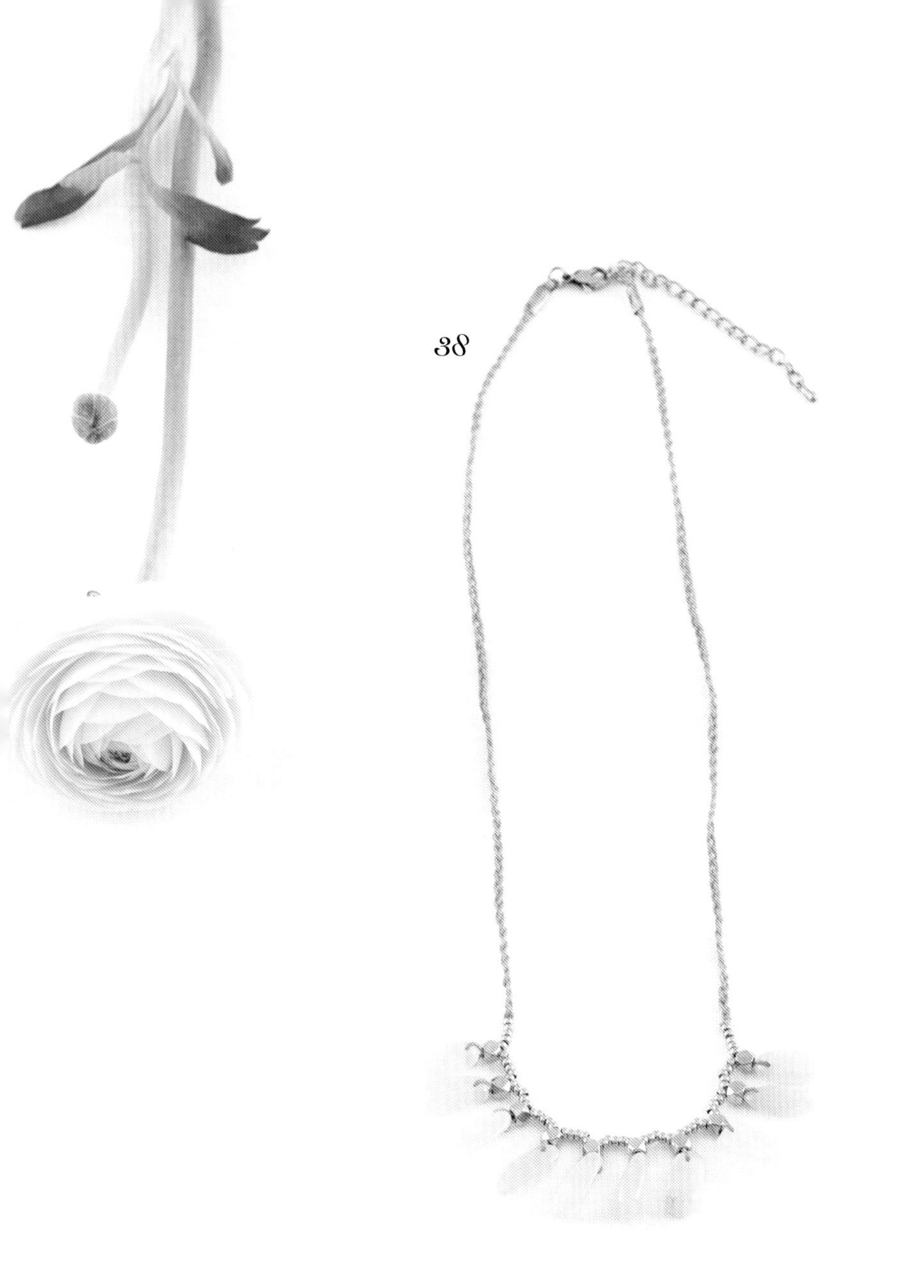

38、39、40

项链

在项链的胸前位置，用细长的宝石装饰，然后再用不锈钢绳编织三股辫。成品整体有一种华丽的视觉效果，但制作方法却很简单。

设计 伊藤丽华子

制作方法 p.53

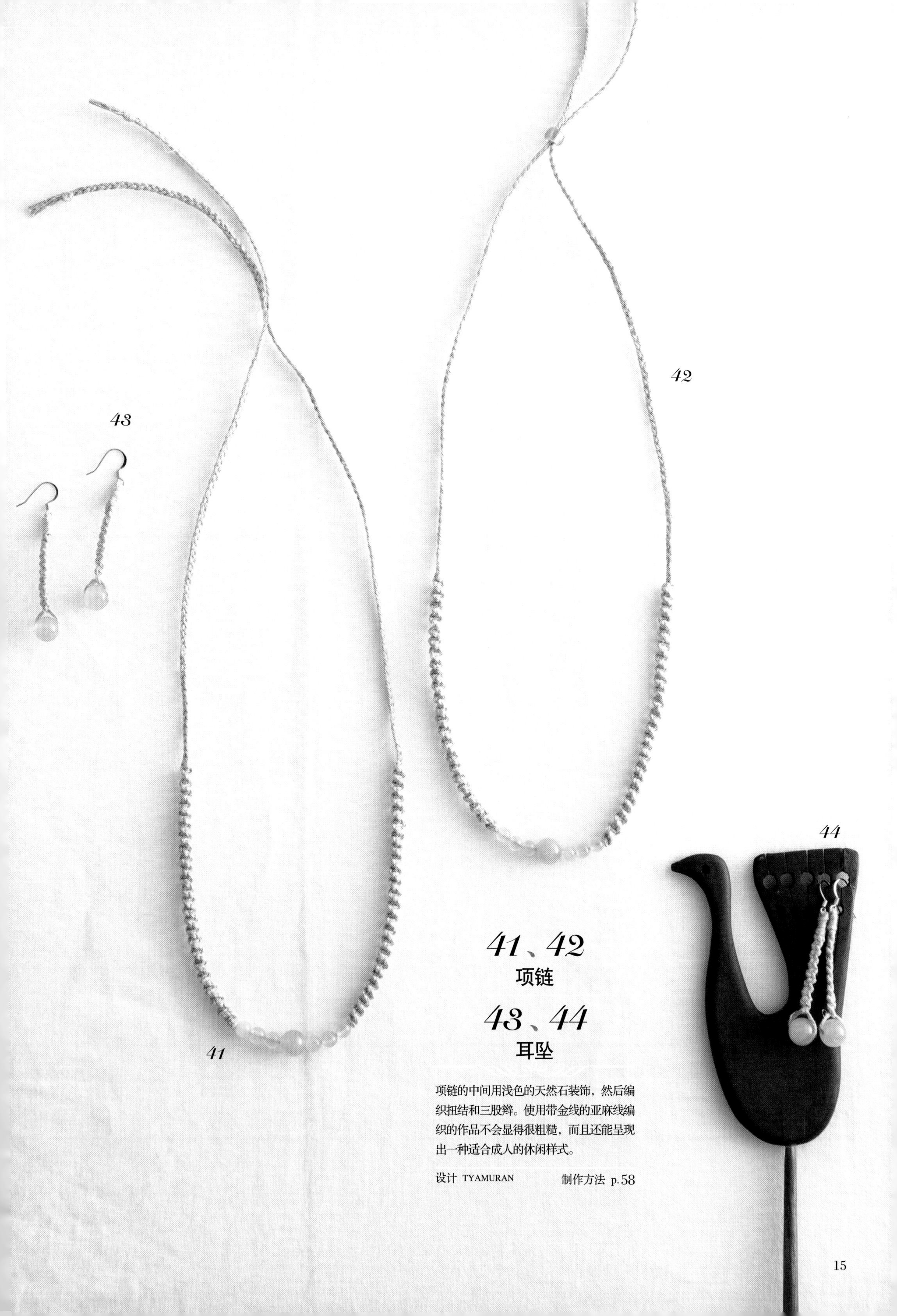

41、*42* 项链

43、*44* 耳坠

项链的中间用浅色的天然石装饰，然后编织扭结和三股辫。使用带金线的亚麻线编织的作品不会显得很粗糙，而且还能呈现出一种适合成人的休闲样式。

设计 TYAMURAN 制作方法 p.58

45
项链
46、47、48
戒指

雀头结和左右结搭配在一起，可以编织出质感纤细的花样，使作品整体呈现不同的魅力。小装饰是点睛之笔。

设计 知光 薰　　　制作方法 p.60、61

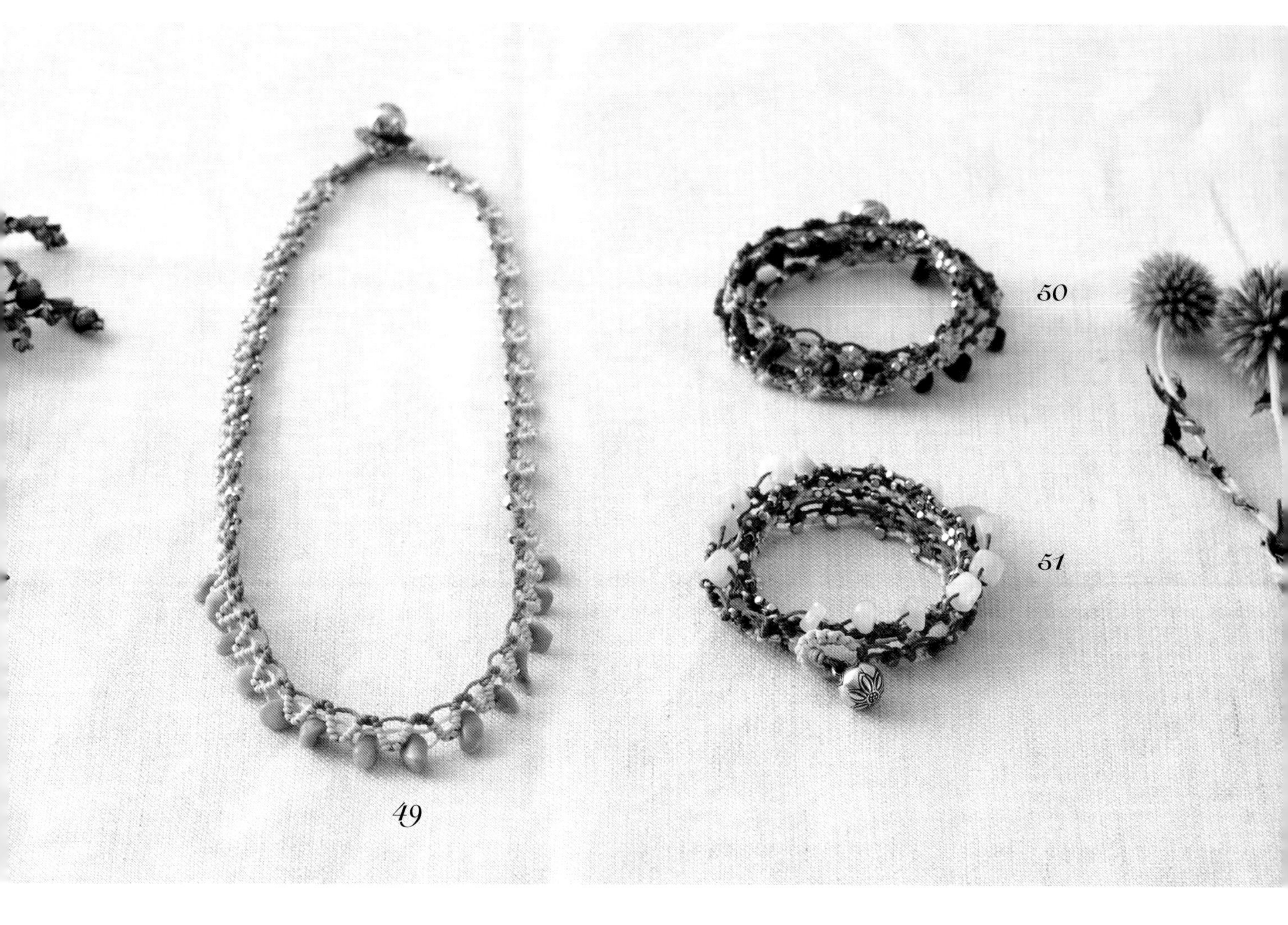

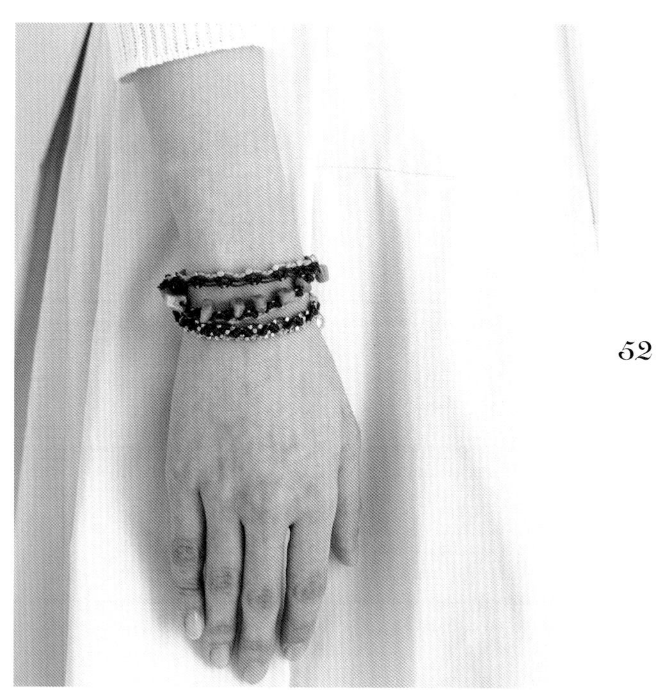

49、50、51、52
手链

一圈一圈地缠绕到手腕上，有一种堆积的质感，这是此款手链最大的特色。编织斜卷结，再编入不同颜色、不同种类的串珠，成品的整体效果也会不同。因为有一定的长度，所以也可以当作项链。

设计 加藤成实 制作方法 p.45

Casual Style

休闲风小饰品

戴上各种色彩鲜艳的小饰品，整个人都会跟着变得元气满满。
这些色彩艳丽的小饰品，特别适合搭配斜纹粗棉布服饰、运动鞋等，会令整体风格简洁时尚。
这里给大家介绍一些休闲风小饰品的制作方法。

53　　54

53、54、55
手环

纵卷结和横卷结结合，可以编织出方格花纹。如果使用段染的亚麻线编织，随意编织就能呈现出颜色的变化。

设计 知光 薰　　制作方法 p.44

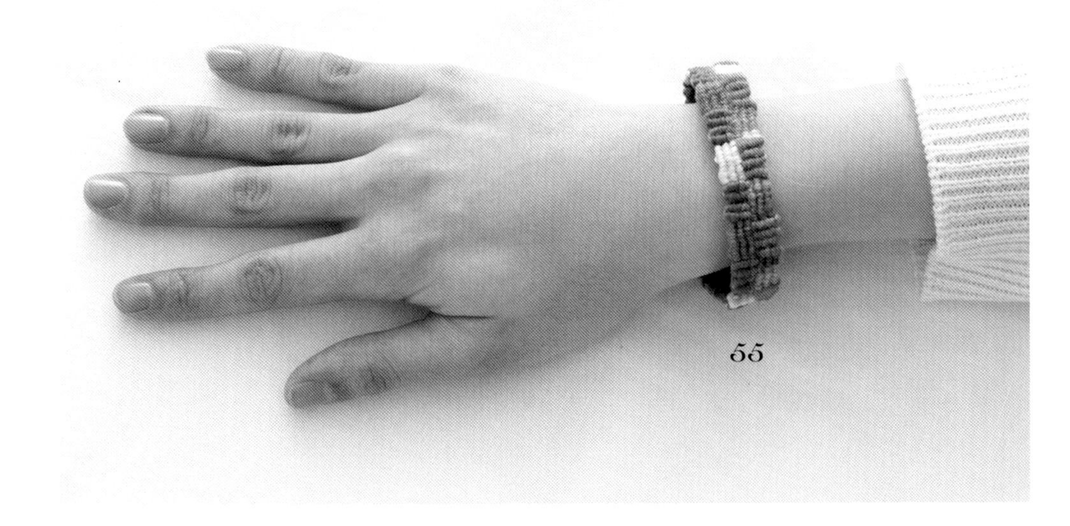

55

56

57

56、57、58

脚环

这款脚环非常适合搭配人字拖或者休闲鞋。使用米白色线制作，非常适合赤脚穿戴，还可以作为混搭穿戴时的小饰品使用。

设计 TYAMURAN 制作方法 p.62

58

59、60 项链

61、62 耳坠

这是一套极具民族风的项链和耳坠。为了表现出美洲土著居民的风格，项链以捕梦网为主题设计而成。

设计 加藤成实 制作方法 p.57

63、64、65
手链

把串珠随机地穿到亚麻线上，编织三股辫，方法简单且易操作。一圈一圈地缠绕在手腕上，做成很有个性的手链；如果展开，也可以当作项链使用。

设计 TYAMURAN　　制作方法 p.63

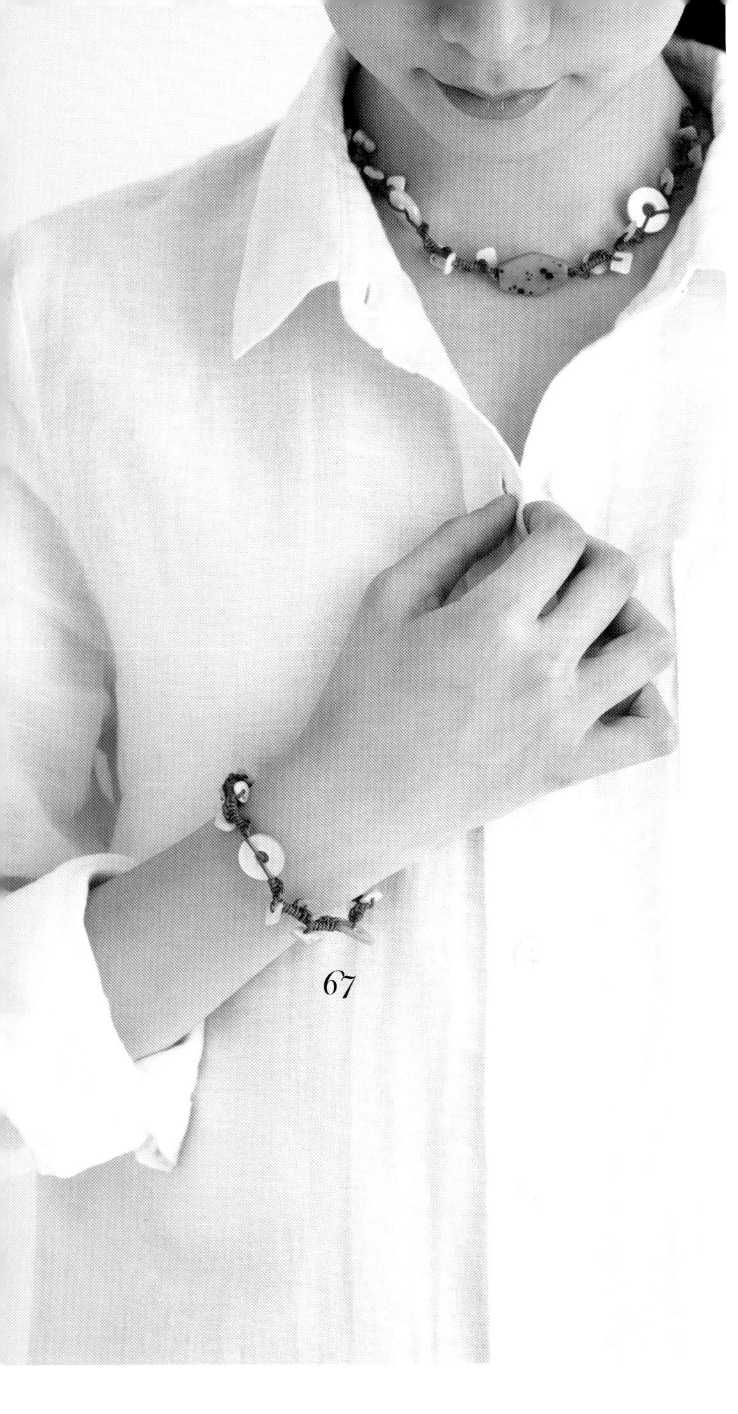

66

67

69

68

66
项链
67、68、69
手链

把皮绳和贝壳扣、贝壳片组合到一起，会呈现出清爽的海洋风。如果使用两种不同类型的贝壳扣、贝壳片，整体设计会呈现出一种灵动感。

设计 知光 薰

制作方法 p.59

70、71
手链

使用两种颜色的线，编织雀头结，同时在中间穿插编入串珠，设计成花朵的形状。如果在串珠的中间加入金色或者银色的串珠，作品整体会呈现出一种民族风的效果。

设计 小泉贵子　　　　制作方法 p.66

71

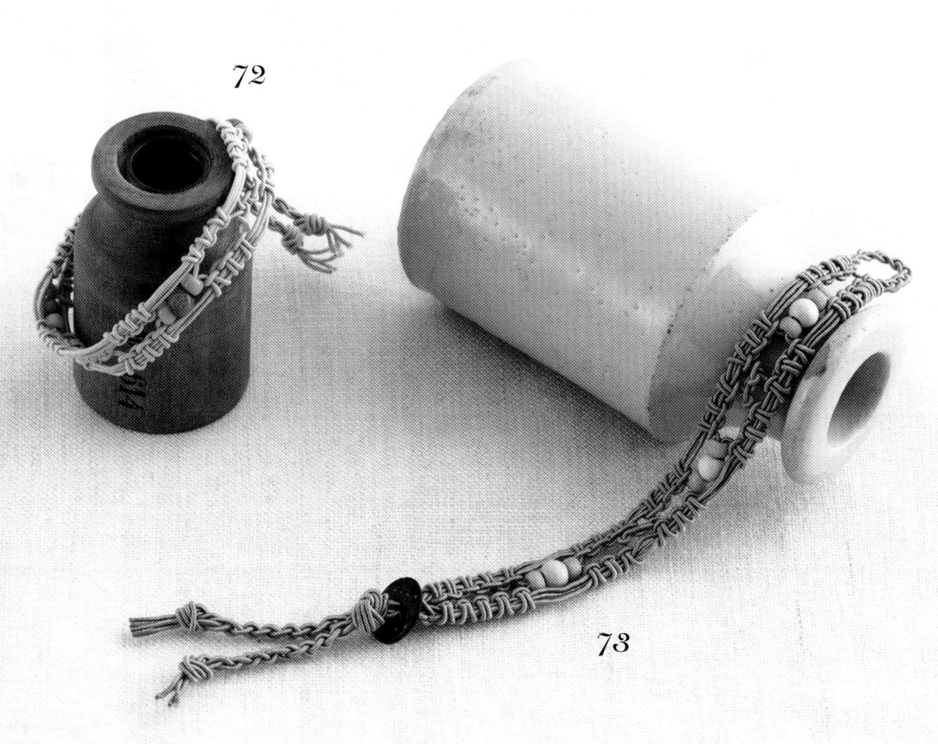

72、73
手链

这款手链使用了木制串珠，整体有一种自然质朴的感觉。如果再使用几颗鲜艳的彩色串珠加以点缀，一下子就会呈现出另外一种休闲感。

设计 小泉贵子　　　　制作方法 p.67

74、75、76 手链

77、78、79 耳坠

手链用的是三种颜色的亚麻线、耳坠用的是两种颜色的亚麻线。编织好后都是一圈一圈缠绕起来的。彩色的线有一种活泼、灵动的感觉，特别适合在日常混搭穿戴时使用。

设计 TYAMURAN　制作方法 p.68、69

80、81
手链

用蜡线编织平结和扭结，最后再和牛皮革组合到一起。设计风格简单，特别推荐男性佩戴。

设计 松田纱和　　制作方法 p.70

82、83
手链

在白色线中掺入一股彩色线，编织三股辫，作品会有清新的感觉。如果底部的牛皮革选择颜色较深的，则更能突出白色线编织的部分。

设计 松田纱和　　制作方法 p. 71

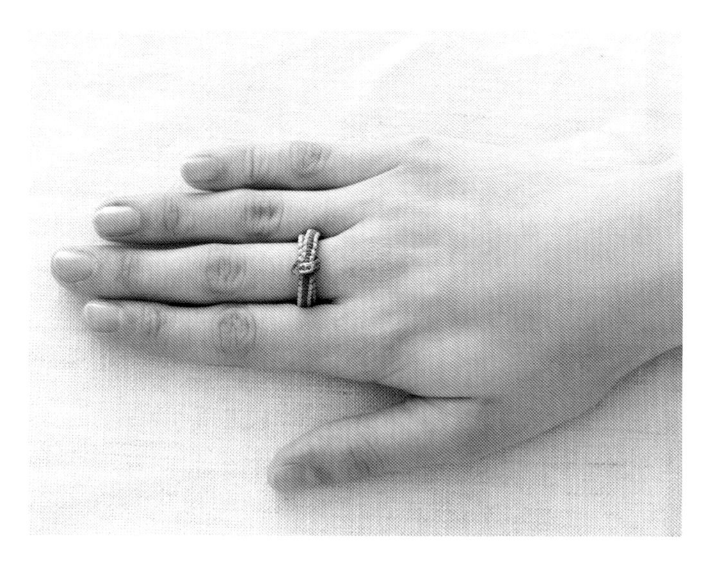

84、85、86
戒指

用平结编织的双环戒指，这种设计风格是男性特别喜欢的。戒指的大小可以根据手指的粗细进行调整。

设计 anudo　　制作方法 p.73

Goods & Hair Accessaries

小物件和发饰

日常使用的各种小物件或者发饰，可以按照自己的喜好进行设计，应该非常有趣吧！
自己设计的各种小物件，更加独一无二。

87、88
钥匙链

用扭结编织的钥匙链。作品87使用的是两种颜色的线，看起来就像使用杂色纱线编织的一样。

设计 anudo　　制作方法 p.72

89、90
钥匙链

编织斜卷结，把水晶石包裹起来，做成类似于棒状的钥匙链。这样的设计尤其能突显出水晶石的魅力，整体风格清爽。

设计 anudo　　制作方法 p.72、p.73

91、92
手机链（长款）
93、94、95
手机链（短款）

用有光泽的带子编织锁结。使用的时候光线会从不同方向反射，整条链子就会闪闪发光。

设计 小泉贵子 制作方法 p.74

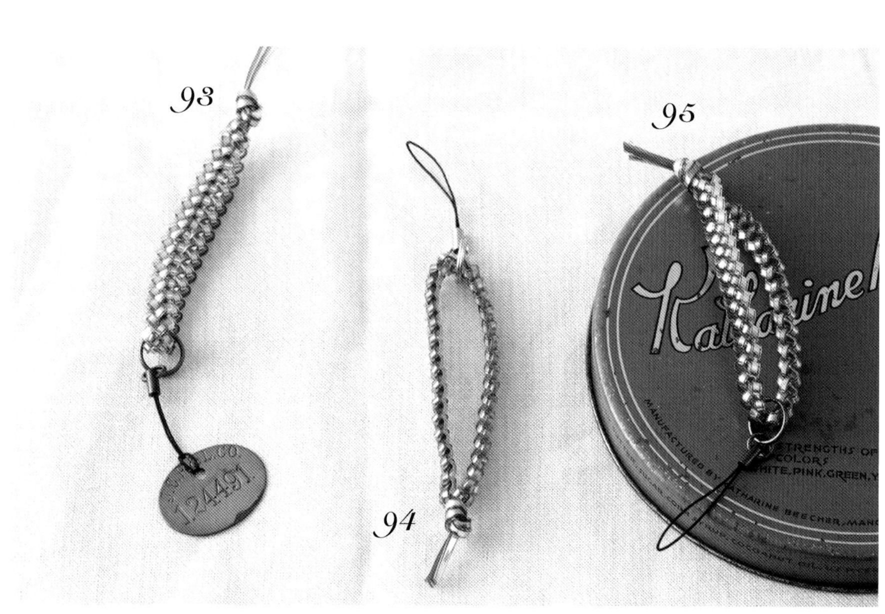

98

96

99

97

96~99

胸针

使用两种颜色的线，按照卷结的方法编织的花片。作品 98 和 99 是用缎带装饰，使其呈现出玫瑰的形状。特别推荐作为包包或者手袋的一个装饰亮点使用。

设计 松田纱和　　　　制作方法 p.75

100、101、102
发带

有一定的宽度，略带甜美的感觉，可以更加完美地呈现成年人独有的那种恬静。作品 100 使用的是金色的金属隔珠，使作品呈现出一种雅致感；作品 101 和 102 使用的是和作品同色系的串珠。

设计 铃木美子

制作方法 p.76

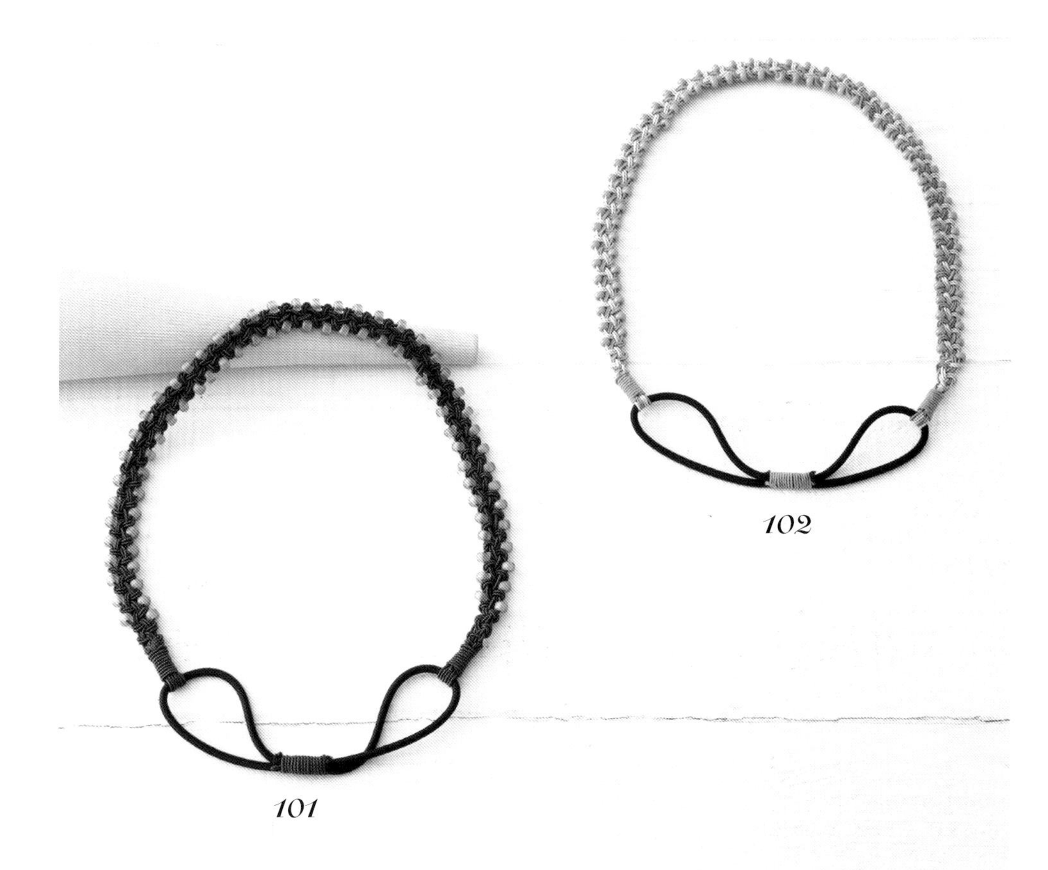

103、104
发贴

用横卷结制作的带流苏的发贴。作品103使用的是亚麻线，作品104使用的是带金银线的亚麻线和带光泽的串珠制作而成。

设计 松田纱和　　制作方法 p.77

105

106

105、106
发圈

编织雀头结，并穿上各种串珠，同时包裹编织在橡皮筋上。戴在头上的时候，串珠会随着人的走动等轻轻摆动，看起来很特别。

设计 铃木美子

制作方法 p.78

107、108
发梳

用颜色雅致的线收尾，编织成一个蝴蝶结形状的发梳。虽然是蝴蝶结的设计，但作品整体不会显得过分可爱，反而是给人一种高贵优雅的感觉，非常适合与和服搭配。

设计 铃木美子

制作方法 p.79

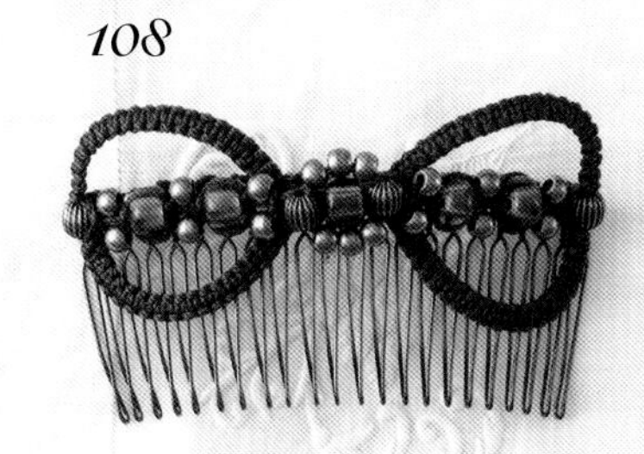
108

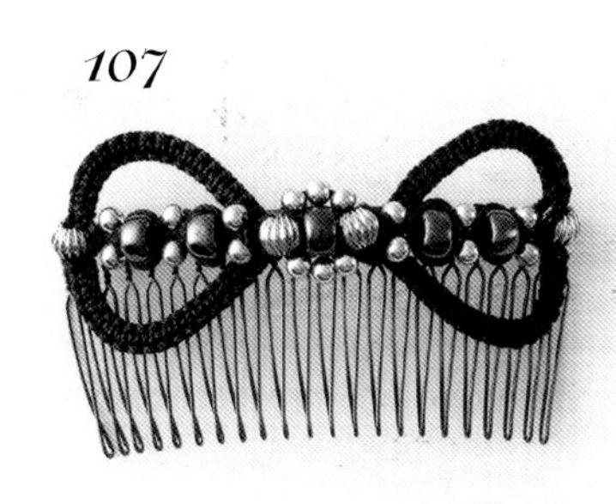
107

让我们一起试着制作手链吧

Lesson 1

平结编织的手链

平结是最基本的编织方法，在编织的同时要编入串珠。平结收尾处是可以调整大小的，也可以应用在其他作品上。

图片 p.4

1、2 手链

●材料

1 Micro Macrame Cord 亮灰色（1456）100cm 2根、50cm 2根、20cm 1根
水晶石　珊瑚粉色（AC603）19颗

2 Micro Macrame Cord 亮灰色（1456）100cm 2根、50cm 2根、20cm 1根
淡水珍珠　S号 白色（AC704）16颗

【尺寸】自由设计

❼从起点B开始，编织四股辫和单结。
❻编织单结。
❾烧熔固定。
❽编织平结收尾。
1cm
6cm
❺编织四股辫。
起点 B
起点 A
❶把4根线暂时打单结。
❷从起点A开始编织左上平结。
左上平结 3.5cm
左上平结 3.5cm
❹编织左上平结。
❸在编织左上平结的同时穿入水晶石。
8cm

步骤中的图片都是作品*1*的，为了方便大家制作，100cm 的线使用的是蓝色的，50cm 的线使用的是米色的，20cm 的线使用的是橘色的。

※ 在制作过程中，会用到软木板和大头针。在图中进行制作说明时，为了简单易懂，所有的操作都是在白色的纸板上进行的。

❶ 把4根线暂时打单结。

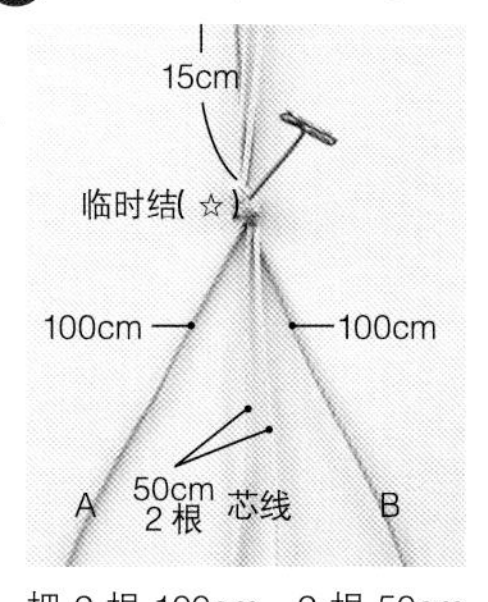

把 2 根 100cm、2 根 50cm 共 4 根线的一端对齐，然后在距离对齐端 15cm 处暂时打单结，用大头针固定好。把 2 根 50cm 的线放在中间，作为芯线。2 根 100cm 的线分别放在左右两侧，作为编织线（A、B）使用。

❷ 从起点A开始编织左上平结。

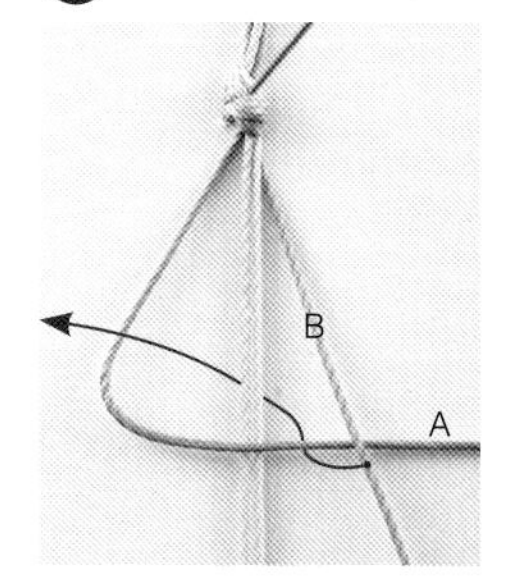

1　A 线放在芯线的上面，B 线再放在 A 线的上面。如图中箭头所示，B 线从芯线的后面穿过。

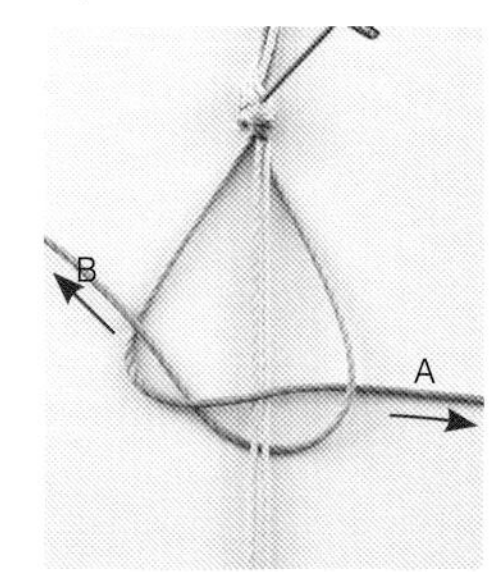

2　拉紧左右两侧的编织线。

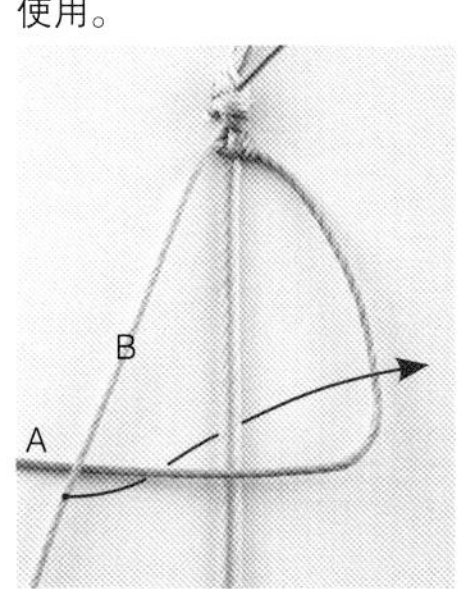

3　和步骤 **1** 的方法对称，A 线放在芯线上，B 线再放在 A 线上。然后 B 线按照图中箭头所示，从芯线的后面穿过。

4　拉紧左右两侧的编织线。

5　编织完 1 个左上平结的状态。步骤 **1～4** 是编织 1 个平结的做法。

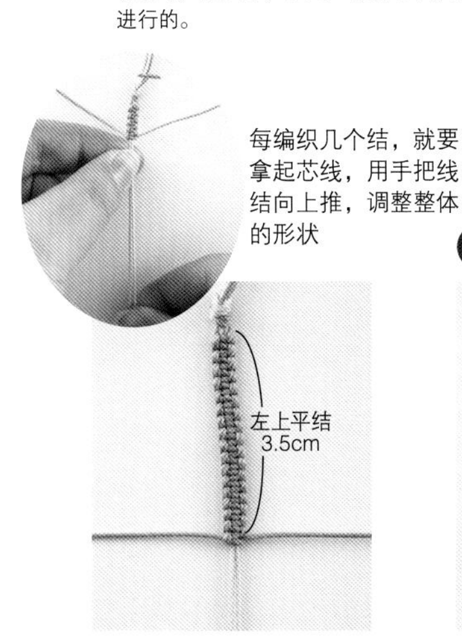

每编织几个结，就要拿起芯线，用手把线结向上推，调整整体的形状

6　重复步骤 **1～4**，左上平结大约编织 3.5cm。

❸ 在编织左上平结的同时穿入水晶石。

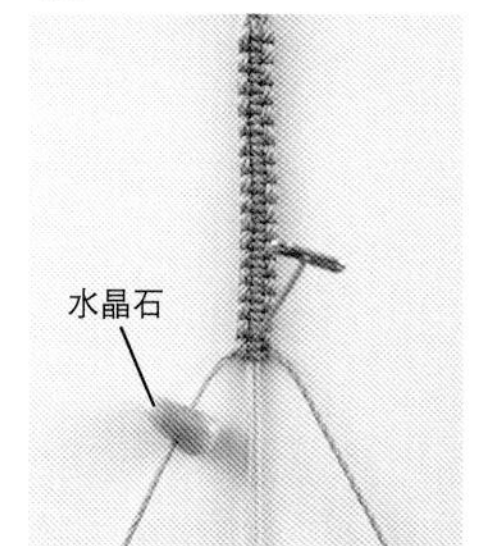

1　移动大头针的位置重新定位，在左侧的编织线上穿入 1 颗水晶石。

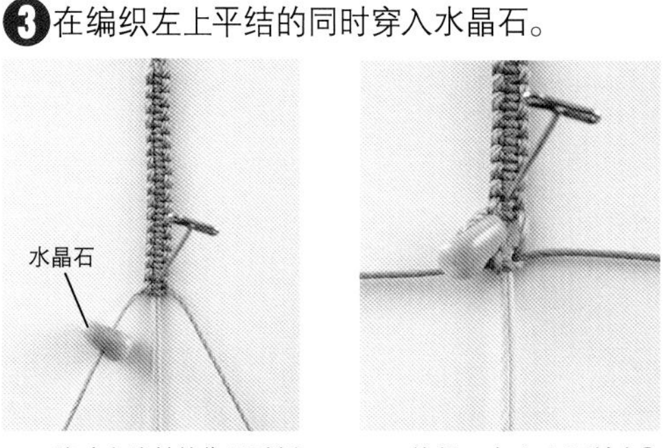

2　编织 1 个左上平结（❷ 的步骤 **1～4**）。

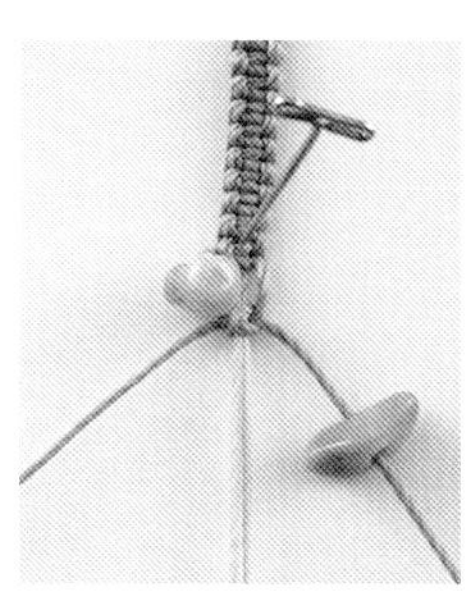

3　在右侧的编织线上也穿入 1 颗水晶石。

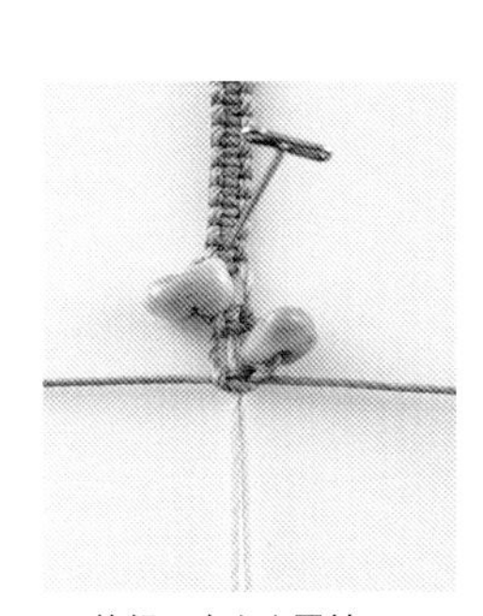

4　编织 1 个左上平结。

作品 2

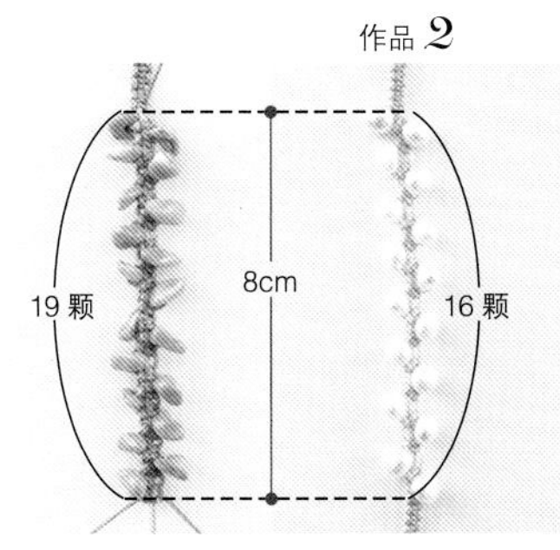

5 重复步骤 1 ~ 4，在左右两侧的编织线上共穿入作品 1 19 颗水晶石（作品 2 16 颗珍珠），同时编织左上平结。

※ 根据水晶石和珍珠的大小，对颗数进行调整，保证水晶石和珍珠部分的长度为 8cm。

❹ 编织左上平结。

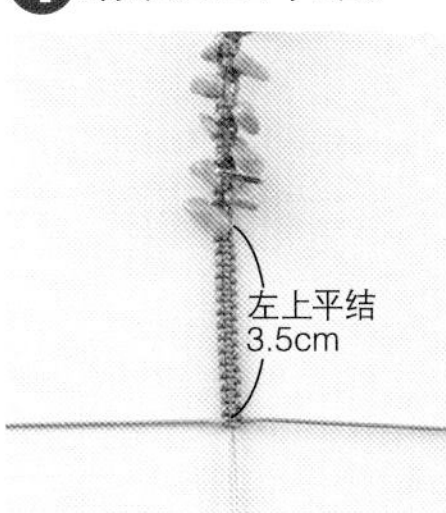

继续编织的时候不要穿入水晶石，编织 3.5cm 左上平结。

❺ 编织四股辫。

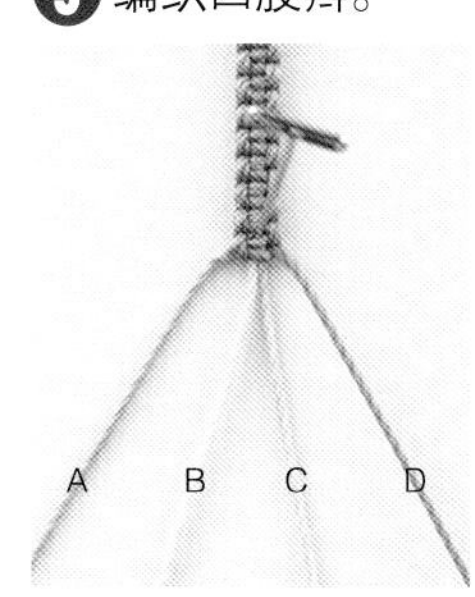

1 移动大头针的位置后重新固定好，用 A~D 4 根线，按照下图所示的方法，编织 6cm 四股辫。

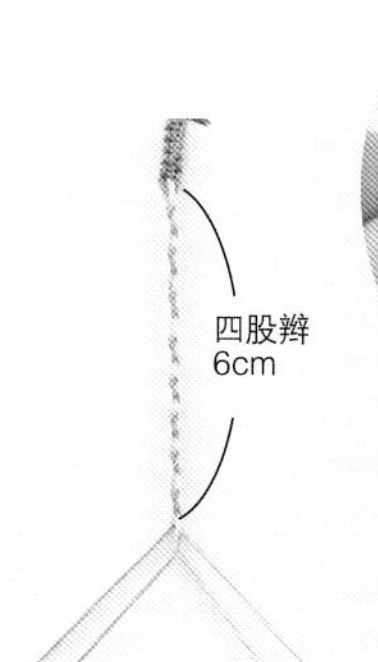

2 编织 6cm 四股辫的状态。

在紧挨着四股辫的位置，用双手分别拉取 2 根线进行编织的话会比较方便

四股辫

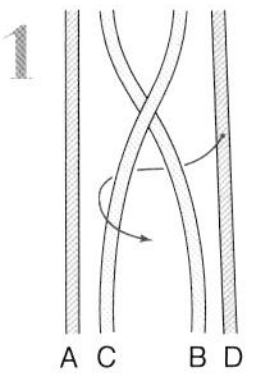

1 把 C 线放在 B 线上。首先，右侧的线（即 D 线）从 B 线和 C 线的后面穿过，然后从左侧线的内侧拉出，置于中间。

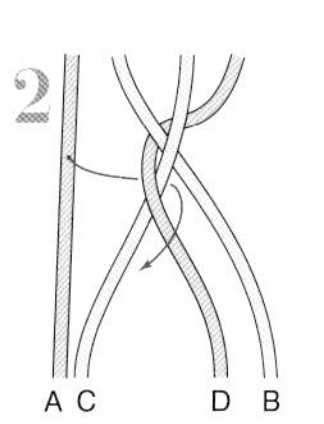

2 左侧的线（即 A 线）从 C 线和 D 线的后面穿过，然后从右侧线的内侧拉出，也置于中间。

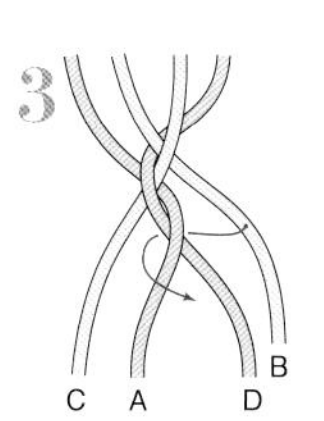

3 右侧的线（即 B 线）从 D 线和 A 线的后面穿过，然后从左侧线的内侧拉出，置于中间。

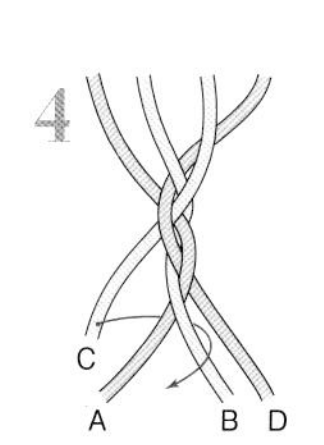

4 重复步骤 2、3，在编织的同时注意要拉紧线，不要留出缝隙。

❻ 编织单结。

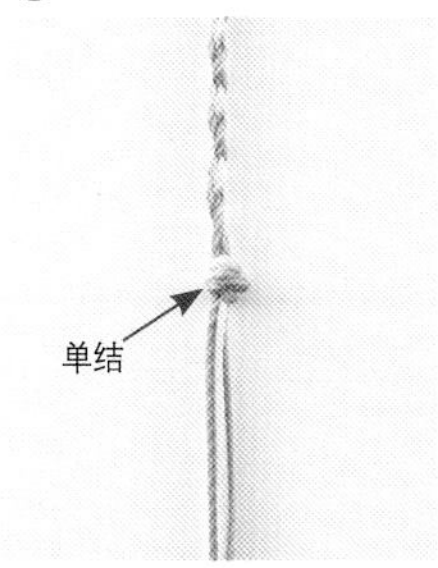

1 在编织四股辫结束的位置，4 根线一起打单结。

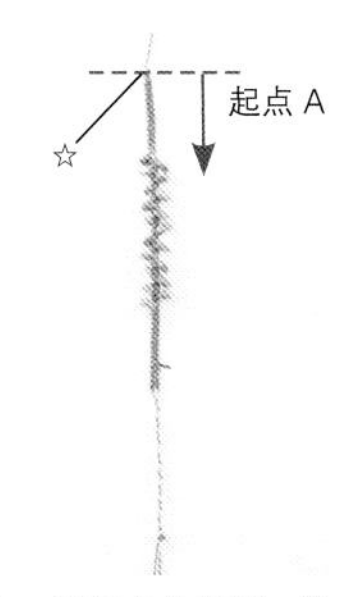

2 从起点 A 开始，编织完成的状态。

❼ 从起点B开始，编织四股辫和单结。

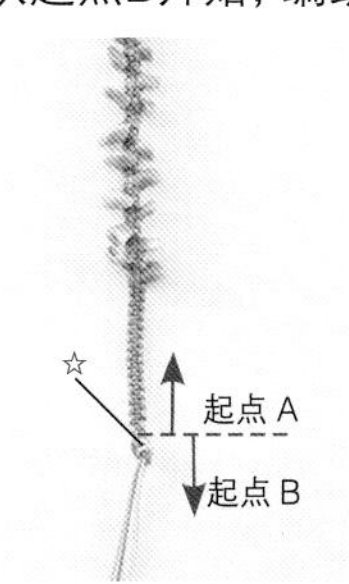

1 把到步骤 ❻ 为止编织完成的结上下调转，解开步骤 ❶ 中的临时结（☆）。

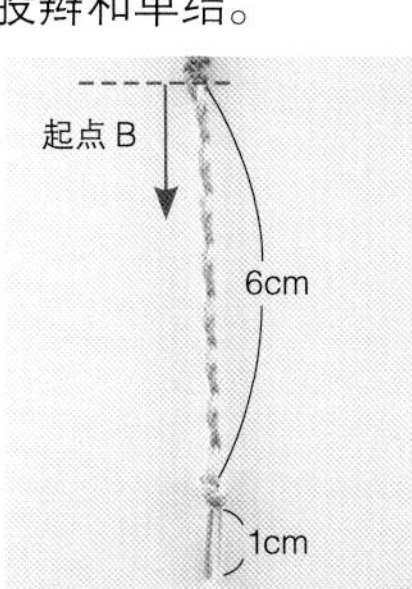

2 从起点 B（解开的临时结的位置）开始编织 6cm 四股辫后再编织单结，然后在距离单结 1cm 处把线剪断。

3 另一端也在距离单结 1cm 处把线剪断。

❽ 编织平结收尾。

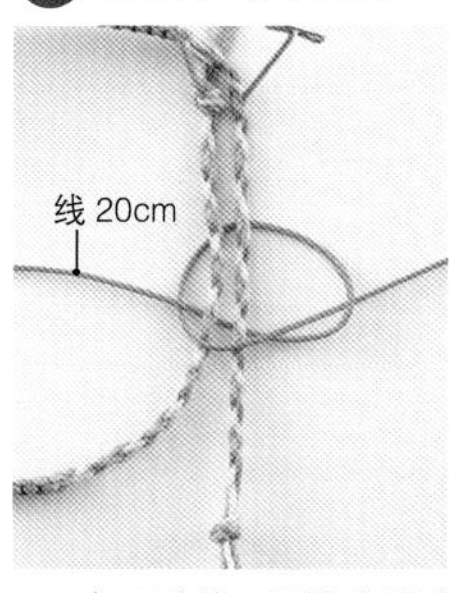

1 把两端的四股辫重叠到一起，围成环，用大头针固定。参照右图，以 2 根四股辫为芯线，同时准备 20cm 长的线作为编织线。

编织线的添加方法

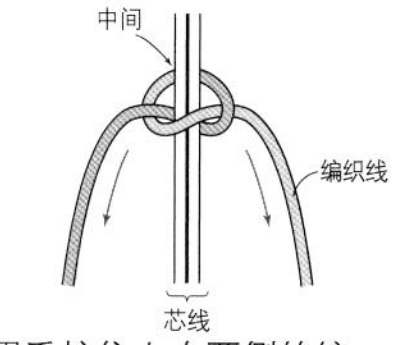

用手拉住左右两侧的编织线，拉紧

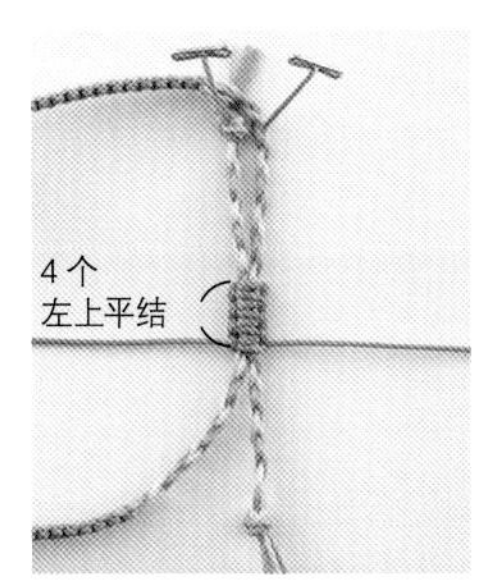

2 继续编织 4 个左上平结。

※ 在这里编织的时候，要注意确认作为芯线的四股辫是否会上下滑动。

❾ 烧熔固定。

用打火机把线头烧熔固定，可以避免线的端头绽开

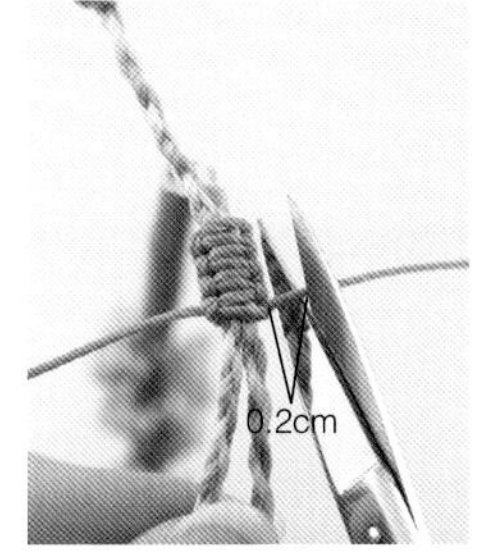

1 留出 0.2cm 线头后剪断。

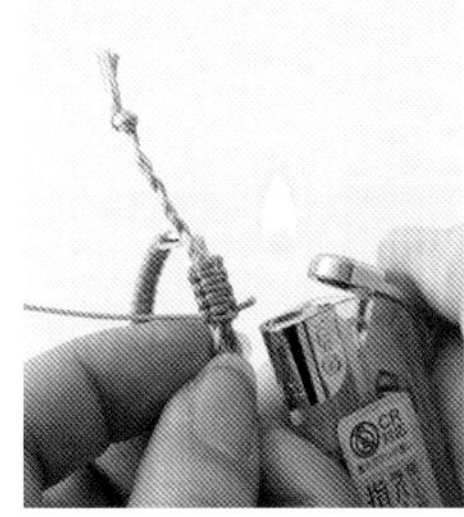

2 打火机（温度较低的蓝色火焰部分）靠近剪口处，把线烧熔。

3 然后利用打火机的金属部位按压、固定。

4 另外一端也按照步骤 1 ~ 3 的方法处理。

※ 注意不要烫伤自己。涤纶本身就可以用火烧一下后固定。

Lesson 2

斜卷结编织的手链

如符号图所示，以1根芯线为轴，然后按照顺序编织其余的几根线。乍一看编织起来会有些难，但是编织的方法其实是比较简单的。

图片 p.5

5、6、7 手链

●材料

不锈钢绳0.8mm
5 珍珠白色（719），**6**、**7** New金色（715）各50cm 4根

水晶扣
5 碧绿色（AC1522）、**6** 水蜜桃色（AC1521）、**7** 橄榄绿色（AC1523）各1颗

5、6、7通用
金属串珠 多面2mm 金色（AC1648）22颗
铆钉固定扣 金色（G1004）1组

【尺寸】全长约19cm（包括铆钉固定扣）

❻安装铆钉固定扣。
❺从起点B开始，按照步骤❶~❹的方法编织。
约 6cm
♡
起点 B
☆
起点 A
❶把不锈钢绳固定在起点A处。
❷再固定在软木板上。
❸一边穿入串珠，一边编织斜卷结。
约 6cm
❹编织死结。

步骤中的图片是作品6的，为了便于讲解和说明，在编织过程中使用了不同颜色的不锈钢绳。

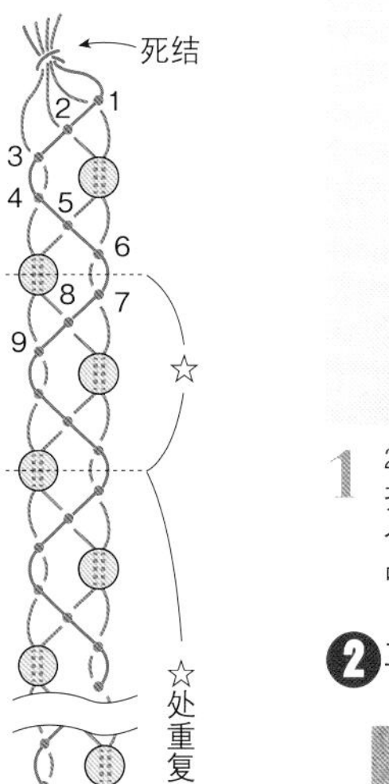

数字代表的是编织的顺序

卷结符号的看法

编织线 向着点（结）的方向，中间断掉的线
结
芯线 向着点（结）的方向，和点相连的线

❶把不锈钢绳固定在起点A处。

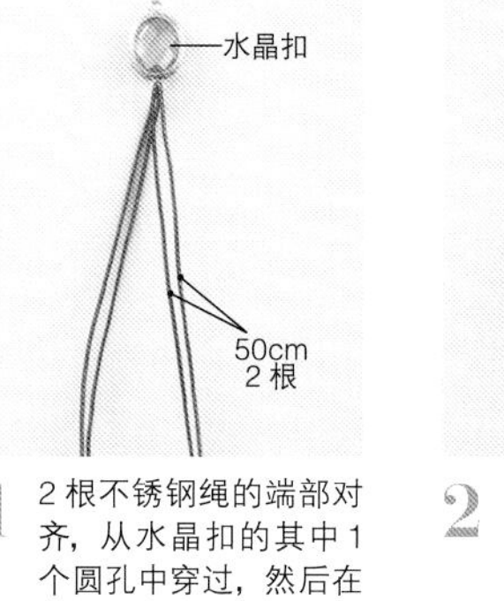

1 2根不锈钢绳的端部对齐，从水晶扣的其中1个圆孔中穿过，然后在中间对折。

2 右侧的1根不锈钢绳和其余的3根用死结的方法编织在一起（p.37）。

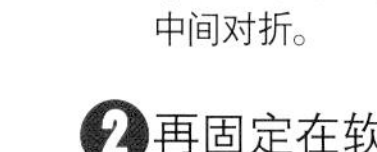

❷再固定在软木板上。

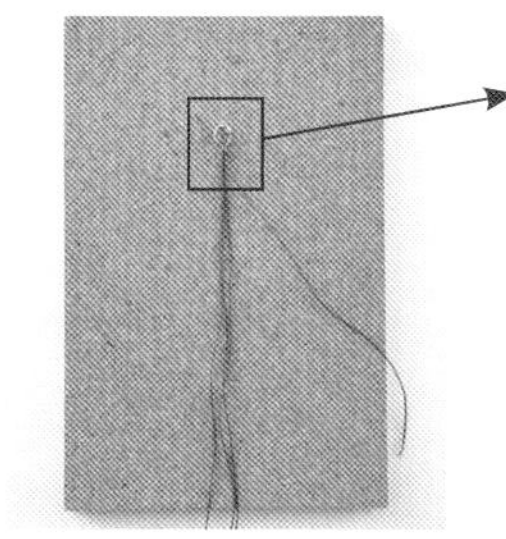

用大头针把步骤❶中完成的部分固定在软木板上。

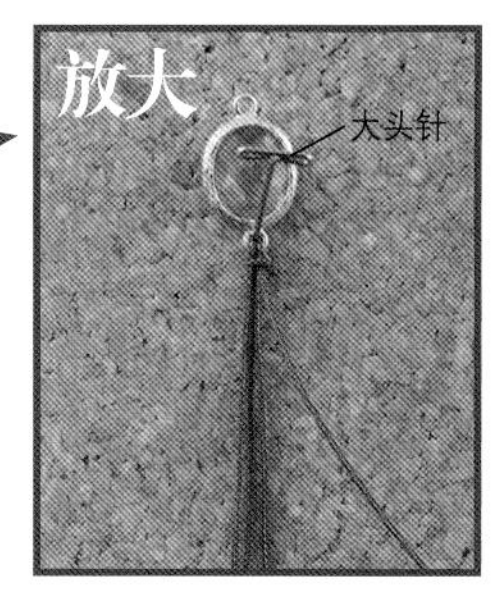

大头针从水晶扣的圆孔中穿过。

❸一边穿入串珠，一边编织斜卷结。

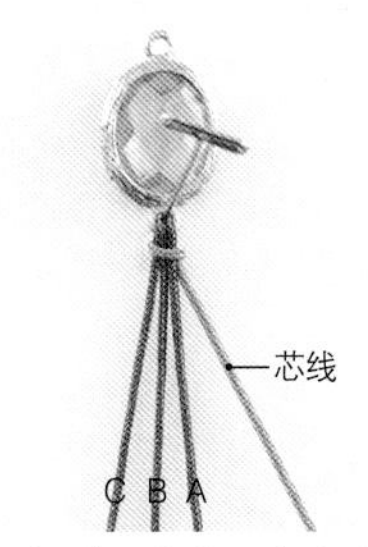

1 打过死结的不锈钢绳放在右侧，然后以这根线为芯线，以A、B、C线为编织线（这里为了方便读者制作，只把芯线的颜色更换了）。

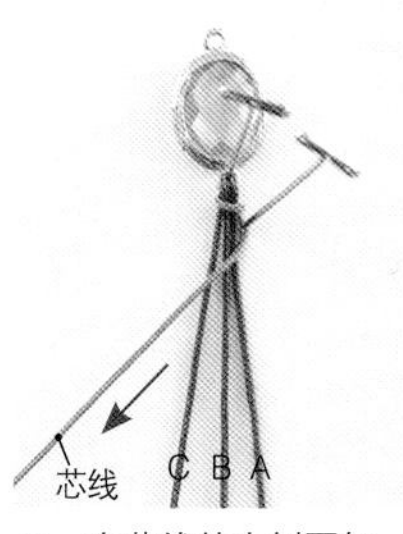

2 在芯线的内侧再钉一根大头针，把芯线拉向左斜下方。编织线一直位于芯线的下方，然后开始编织。

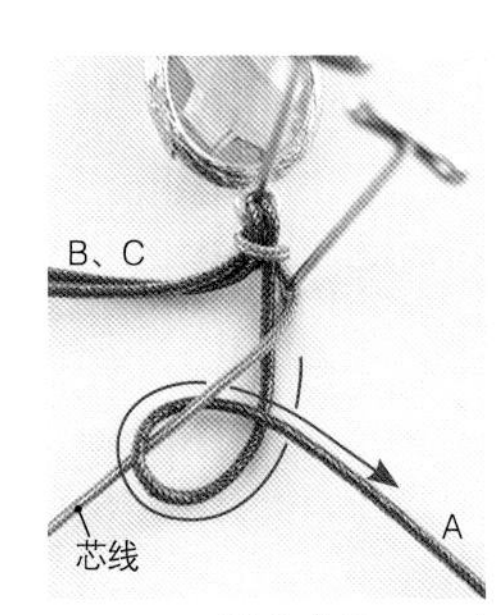

3 用左手拉住芯线，同时把邻近的A线按照图中箭头所示，缠绕到芯线上。缠绕好的编织线向下拉紧，最后调整结的形状。

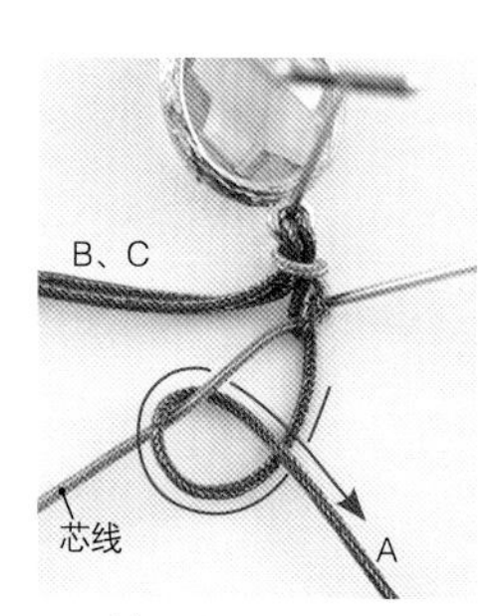

4 按照步骤3的方法，再用同一根编织线缠绕，然后向下拉紧。

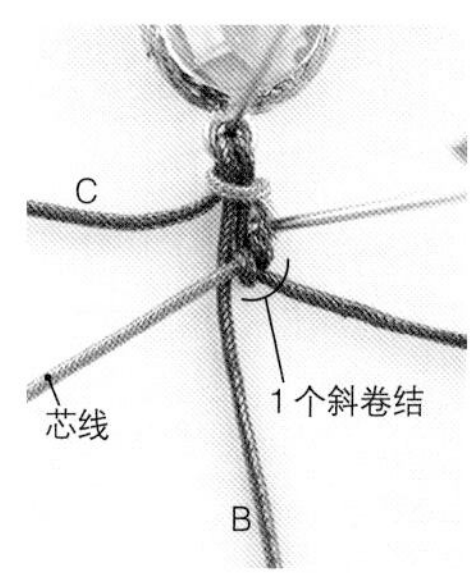

5 步骤3、4就是完成1个斜卷结的状态（符号图1）。

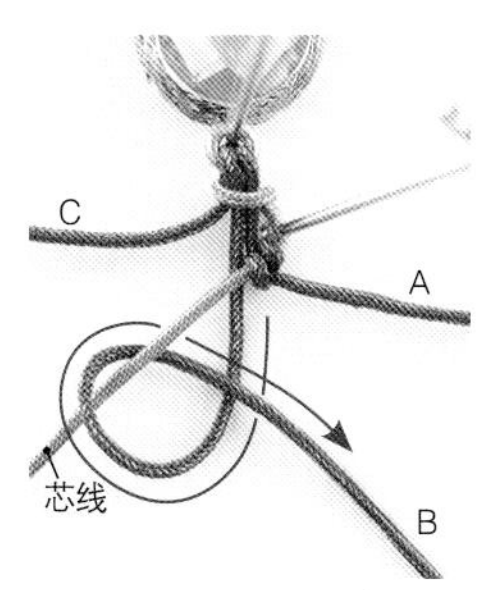

6 中间的B线也按照步骤**3**的方法缠绕在芯线上。

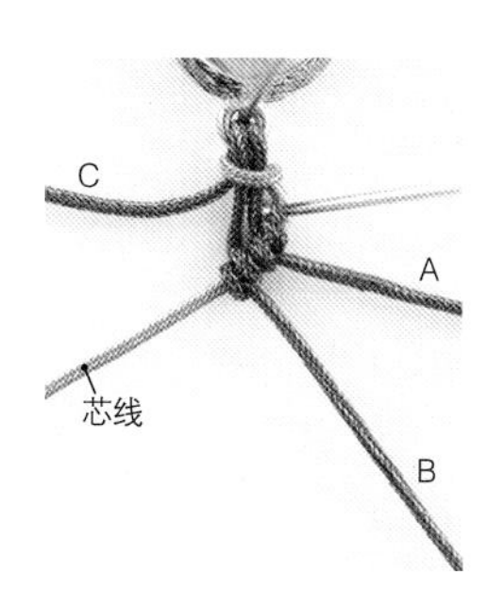

7 和步骤**6**相同，用同一根编织线再次缠绕芯线，向下拉紧（符号图2）。

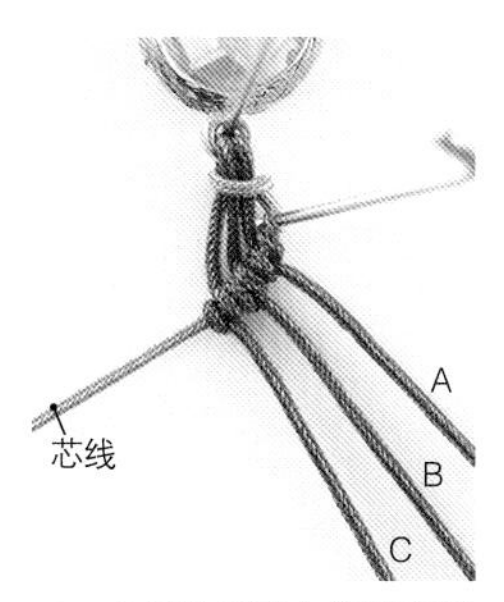

8 左侧的C线也按照步骤**6**、**7**的方法缠绕到芯线上，这样就完成了1个斜卷结（符号图3）。

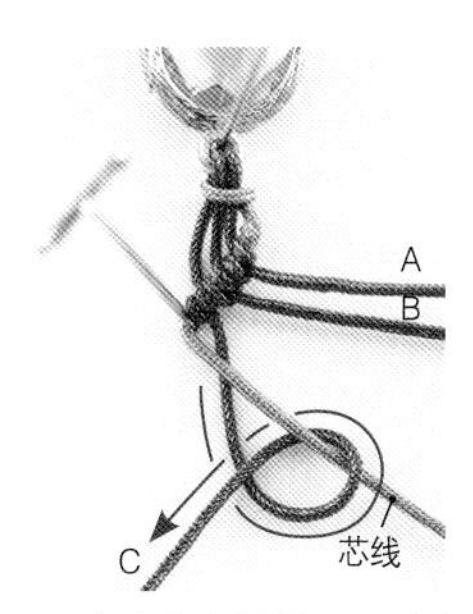

9 在步骤**8**的结下面，再加1根大头针，把芯线拉向右斜下方，同时按照箭头所示，左侧的C线缠绕到芯线上。

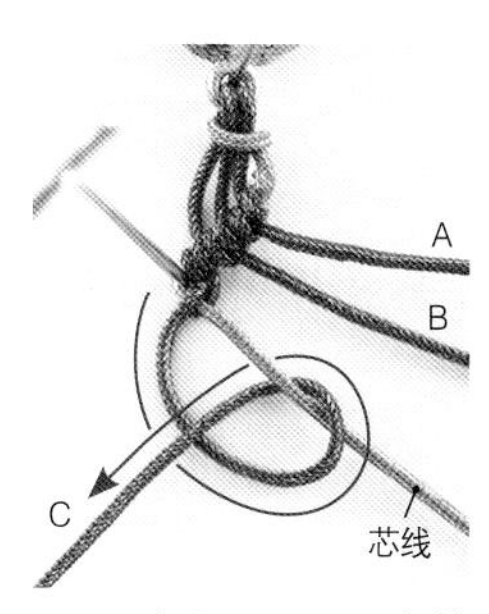

10 同步骤**9**，用同一根编织线再次缠绕到芯线上，拉紧（符号图4）。

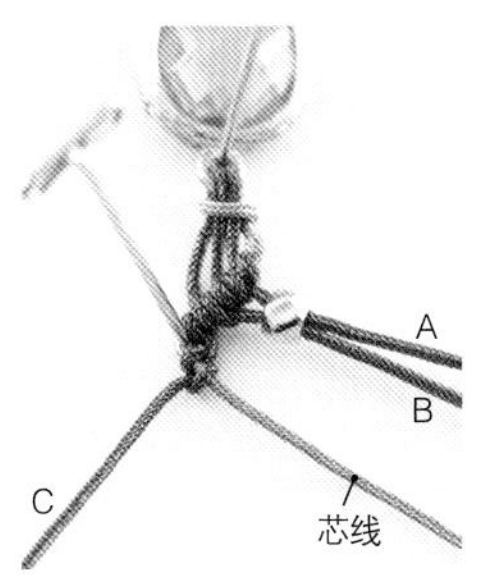

11 右侧（A线）和中间（B线）的编织线对齐，然后从中间穿过1颗串珠。

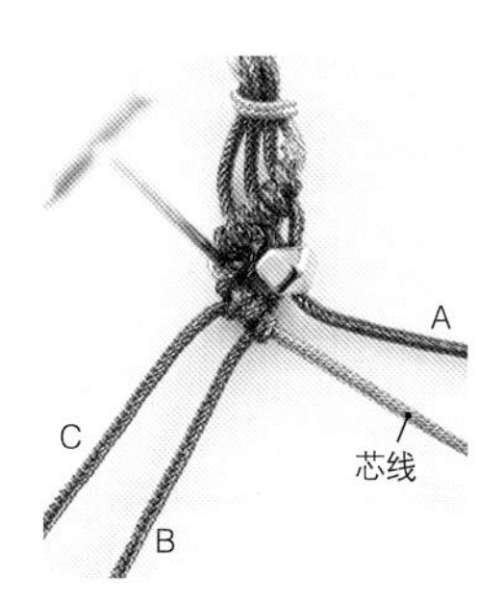

12 按照步骤**9**、**10**的方法，用中间的B线再编织1个斜卷结（符号图5）。

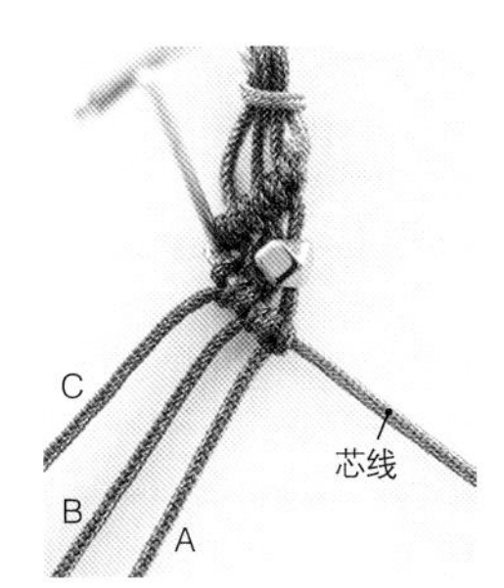

13 右侧的A线也按照和步骤**12**相同的方法，编织1个斜卷结（符号图6）。

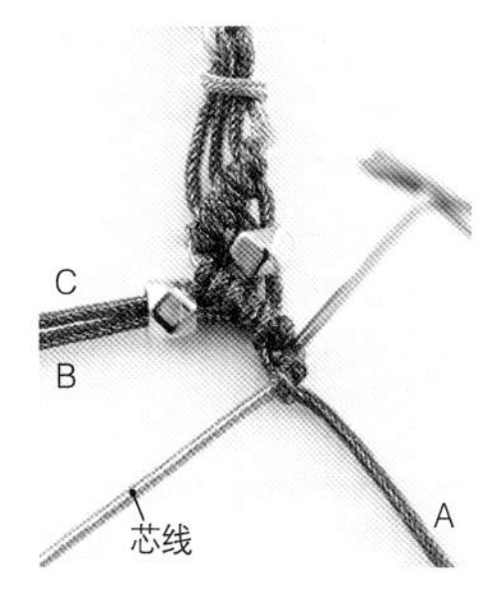

14 把大头针移到靠近步骤**13**结的位置，芯线拉向左斜下方，同时用右侧的A线再编织1个斜卷结（符号图7）。把左侧的B线、C线对齐，从中间穿过1颗串珠。

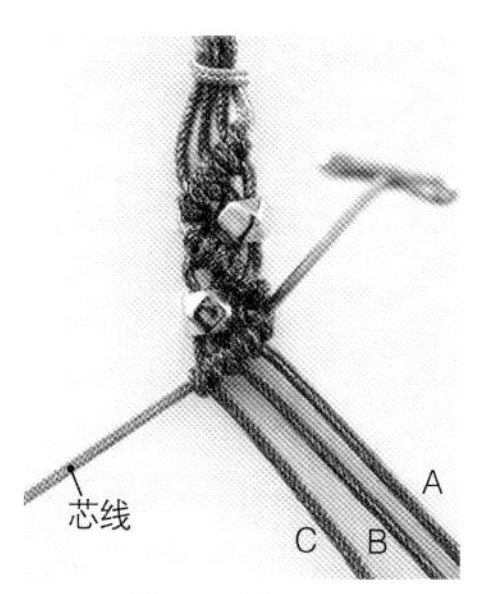

15 接着，按照B线、C线的顺序，全部编织斜卷结（符号图8、9）。

16 在看p.34的符号图的同时，把串珠从编织线中穿过，并同时编织斜卷结（约6cm）。

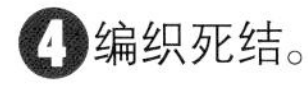

❹编织死结。

用1根芯线和其他3根编织线一起，编织死结。

❺另一侧也按照相同的方法，编织斜卷结，同时穿入串珠。

去掉大头针，把到步骤❹为止的结上、下调转，然后按照步骤❶~❹的方法编织

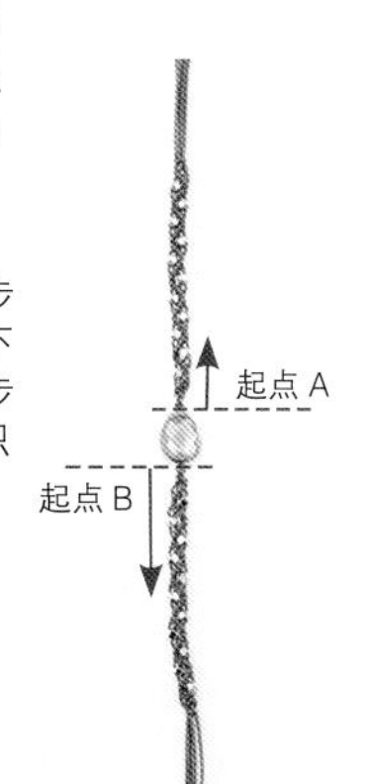

❻安装铆钉固定扣。

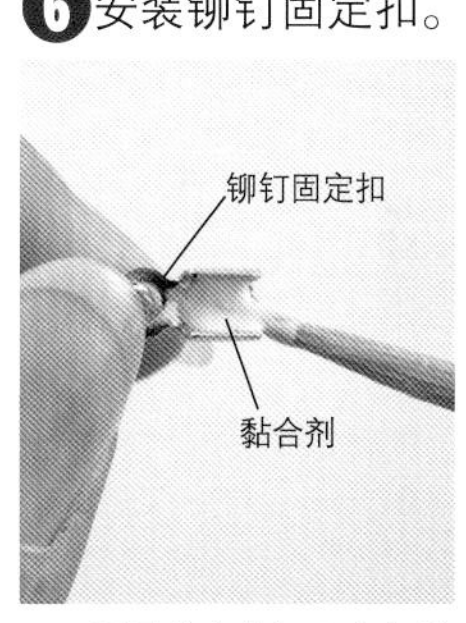

铆钉固定扣

1 用牙签在铆钉固定扣的凹槽内涂上黏合剂。

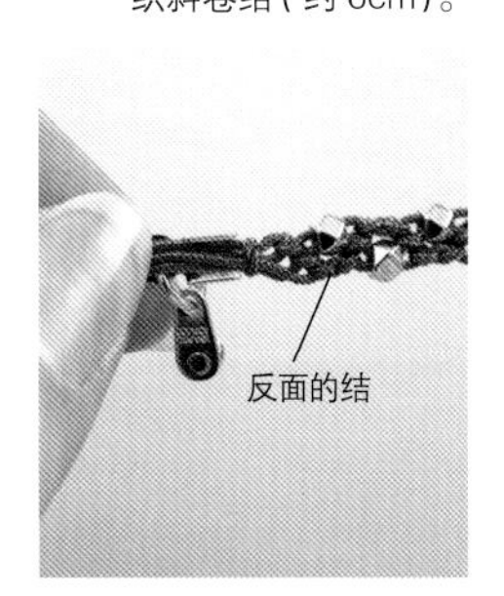

2 把铆钉固定扣的凹槽放在步骤❹的死结下面。

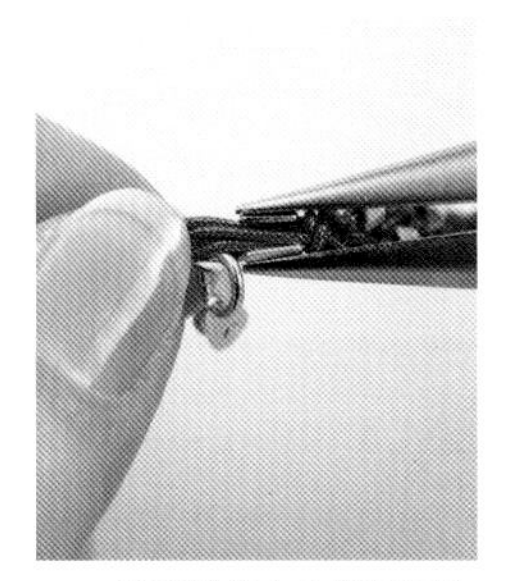

3 用尖嘴钳夹住铆钉固定扣，把两边夹到一起。

4 再用尖嘴钳从上面按压。

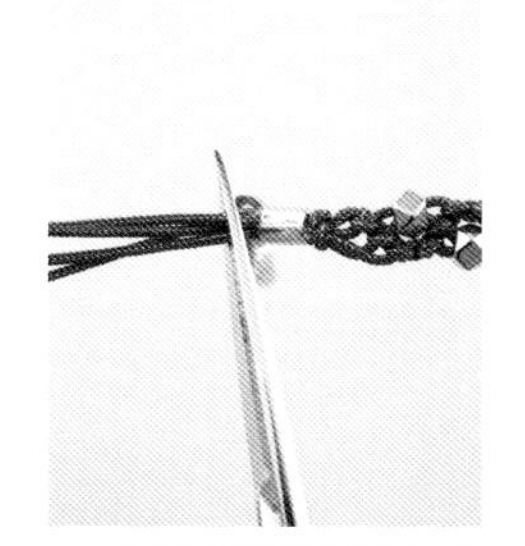

5 待黏合剂干燥之后，沿着铆钉固定扣的边把不锈钢绳剪断。另一侧也用相同方法安装铆钉固定扣。

6 完成。

基本编织技巧

这里详细讲解了本书中出现的主要的结的编织方法和技巧。
编织时，可以查看这里的结的编织方法，会更方便。

平结　左右两侧的线交叉放在芯线上编织

●左上平结

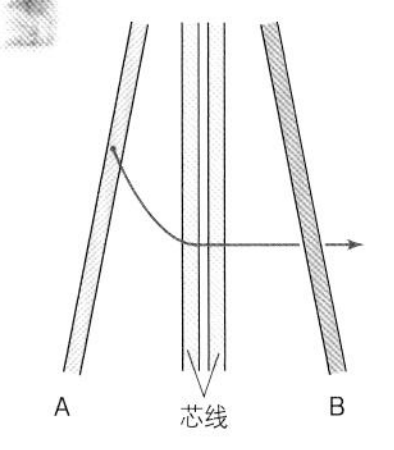

1 A 线放在芯线上，然后 B 线再放在 A 线上。

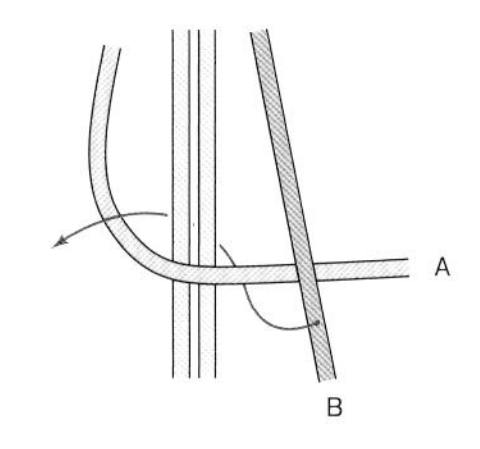

2 B 线按照箭头所示的方向，从芯线的后面穿过。

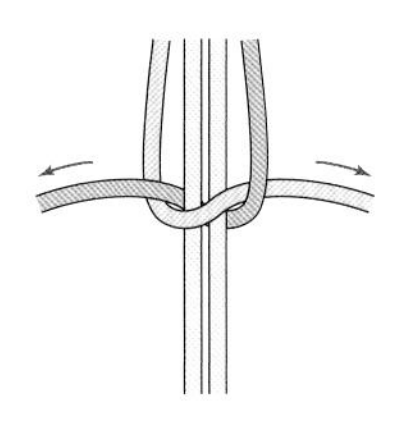

3 向左右两侧拉紧（这是半个平结）。

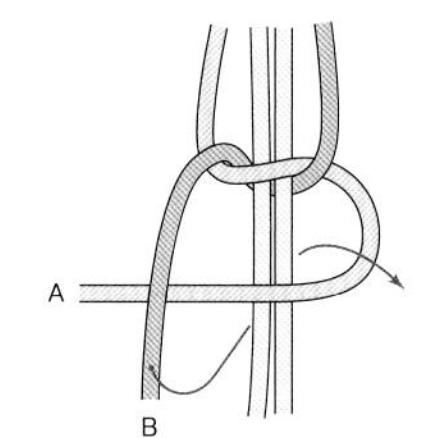

4 接着，把 A 线放在芯线上，B 线再放在 A 线上。B 线按照箭头所示的方向，从芯线的后面穿过。

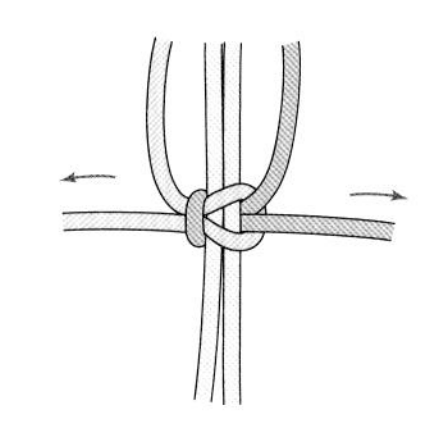

5 向左右两侧拉紧，完成 1 个左上平结。

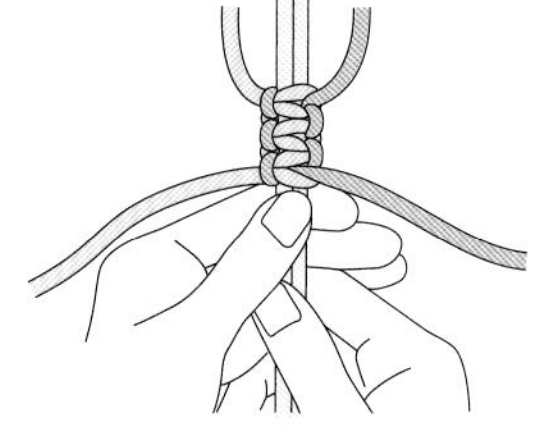

6 如果能从结和结的缝隙中看到芯线，就需要编织几次后用手把结向上推，调整至看不到芯线。

●右上平结

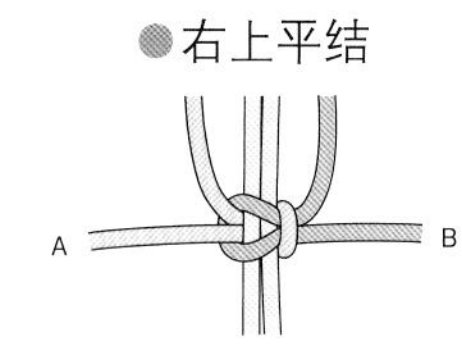

按照步骤 1 ~ 5，左右对调进行编织。（一般是 B 线放在芯线上）

扭结　平结的应用。一般是左右两侧中的一根编织线放在芯线上编织

●左上扭结

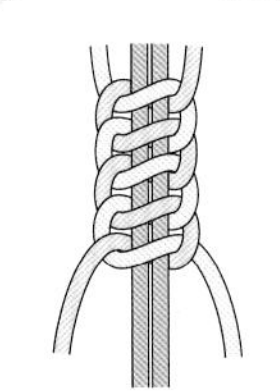

重复平结的步骤 1 ~ 3（一般都是左侧的线放在芯线上）。

●右上扭结

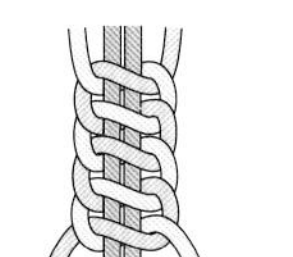

重复平结的步骤 4、5（一般都是右侧的线放在芯线上）。

扭结的编织线
扭转时

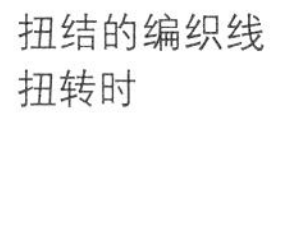
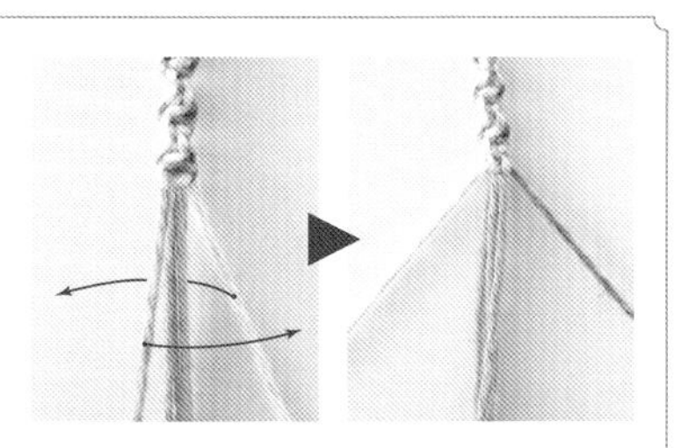

如果编织线在编织过程中发生扭转，导致编织比较困难时，把左右两侧的编织线沿着芯线的扭转方向，左侧的换到右侧，右侧的换到左侧，然后接着编织即可。

并列平结（6 根线）　左、右对称的 2 列平结

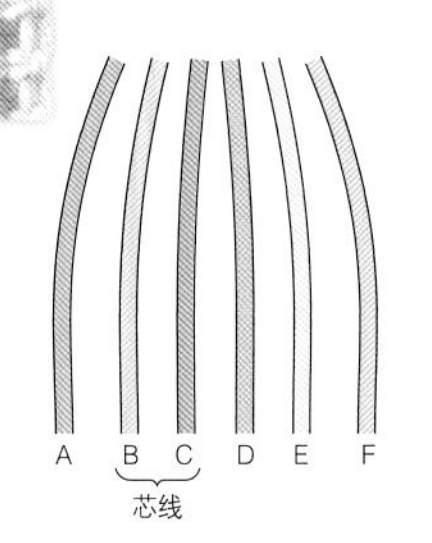

1 先使用左侧的 4 根线。以 B 线和 C 线为芯线，A 线和 D 线编织 1 个左上平结。

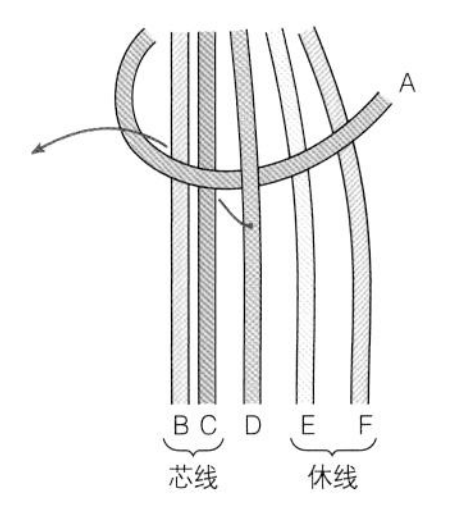

2 用 A 线和 D 线编织左上平结时，E 线和 F 线休线。

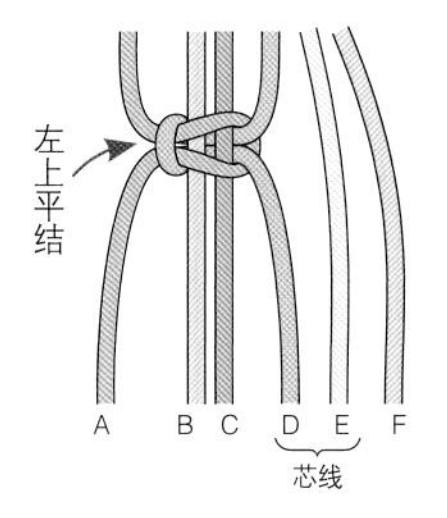

3 接下来使用右边的 4 根线。以 D 线和 E 线为芯线，C 线和 F 线编织右上平结。

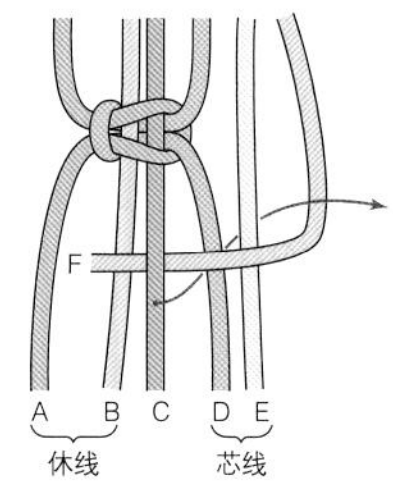

4 使用 C 线和 F 线编织右上平结时，A 线和 B 线休线。

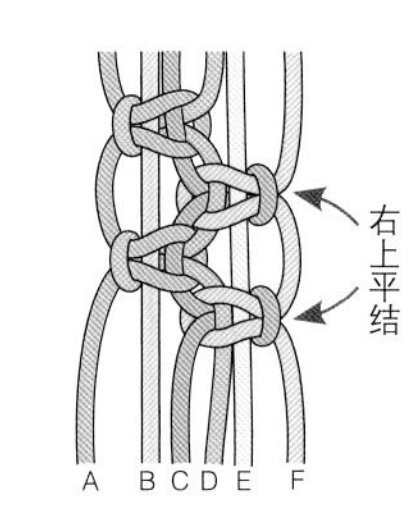

5 接下来的编织过程中注意不要把线拉得过紧，然后重复步骤 1 ~ 4。

左右结

左右两侧的线交替作为编织线和芯线编织

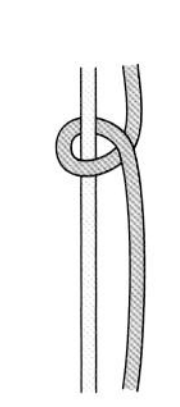

1 左侧的线为芯线，卷起右侧的线。

2 右侧的线为芯线，卷起左侧的线。完成 1 个左右结。

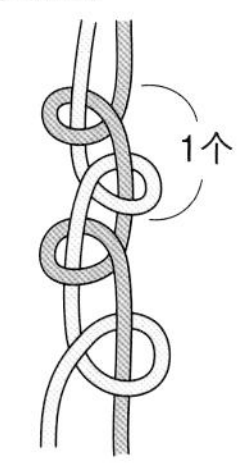

3 重复步骤 1、2。

环结的编织线扭转时

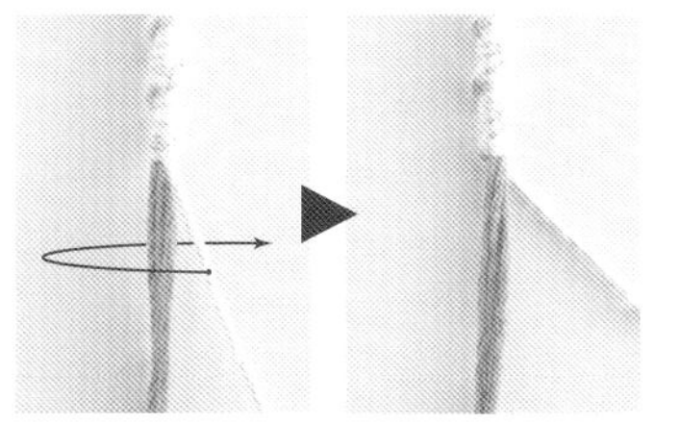

编织线扭转很难编织时，使编织线朝向扭转方向，将芯线向中间转动，然后按照相同方法编织。

环结

用一根线绕芯线编织

●右环结

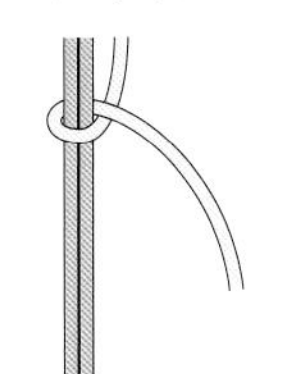

1 如图所示，把线缠绕在芯线上，拉紧。

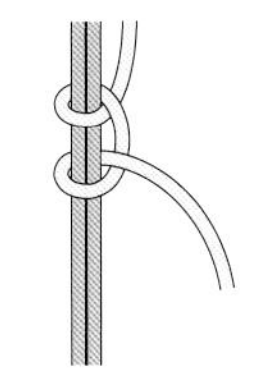

2 和步骤 1 相同，把线缠绕到芯线上，拉紧。

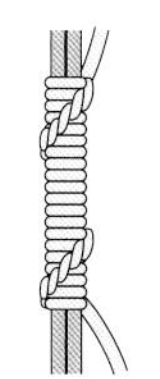

3 连续缠绕后的状态。

●左环结

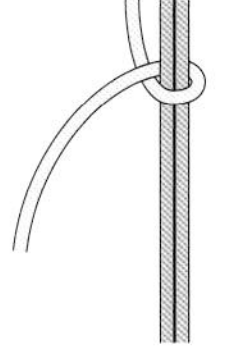

1 如图所示，把线缠绕在芯线上，拉紧。

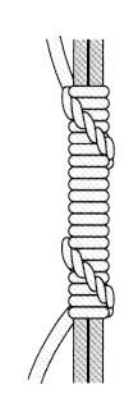

2 连续缠绕后的状态。结的纹路和右环结刚好相反。

雀头结

是环结的应用
编织线从上下两端交替缠绕到芯线上编织

●右雀头结

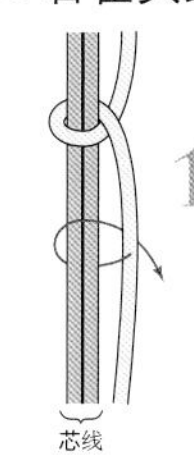

1 从上面开始，线从右向左缠绕到芯线上，拉紧。然后按照箭头所示方向，从下面再缠绕一次。

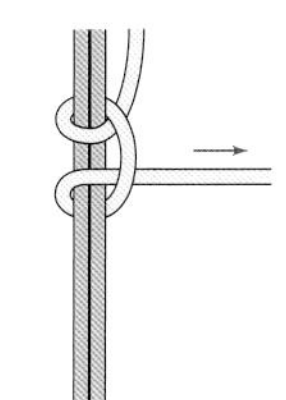

2 拉紧。

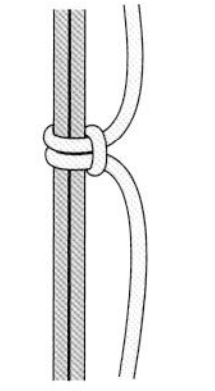

3 编好 1 个右雀头结。

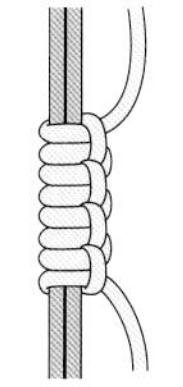

4 连续编织后的状态。

●左雀头结

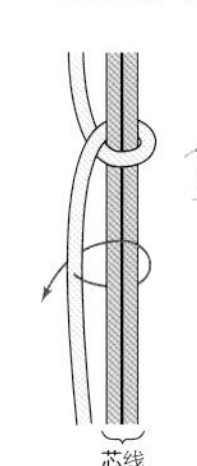

1 从上面开始，线从左向右缠绕到芯线上，拉紧。然后按照箭头所示方向，从下面再缠绕一次。

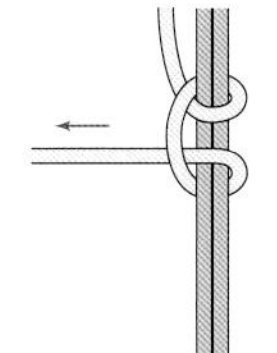

2 拉紧。

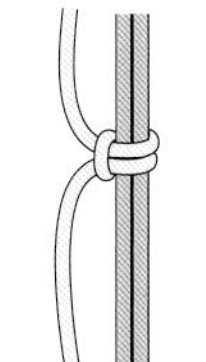

3 编好 1 个左雀头结。

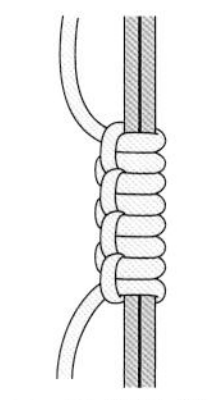

4 连续编织后的状态。

死结

把几根线并到一起编织，通常用来处理绳头

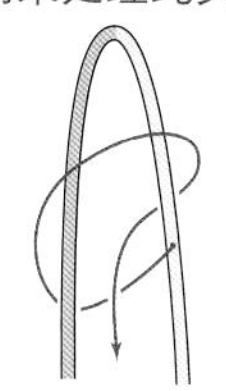

1 用对折后的线，或者好几根线都按照单结的方法编织。

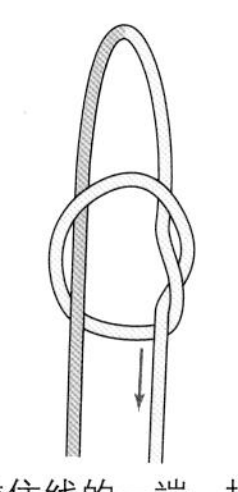

2 拉住线的一端，拉紧。

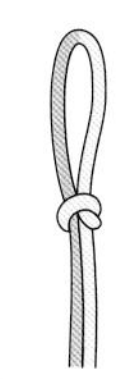

3 完成。

本结

把线连接到一起的时候使用这种编织方法

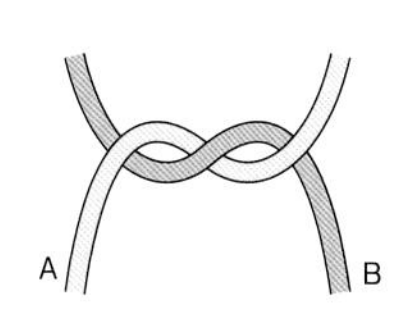

1 如图所示，使 2 根线交叉。

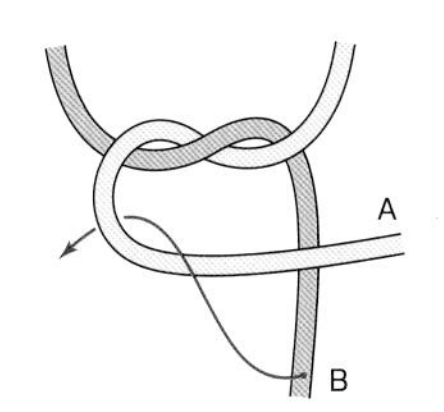

2 A 线放在 B 线上，B 线按照箭头所示方向穿过。

3 完成。

卷结

卷结

因为会有编织线和芯线互相变换的情况，
所以在编织的时候不要忘记确认结的符号图。

卷结符号的看法

● 卷结的线结
编织线　向着线结●线在中途断开
芯线　向着线结●线连在一起

●横卷结　从左向右编织

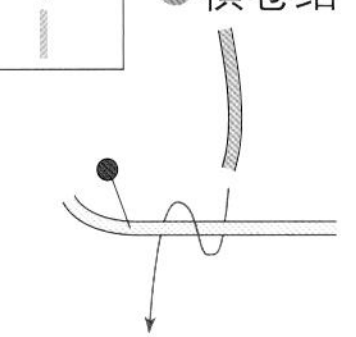

1 芯线横着放并固定，编织线竖向放置，然后按照箭头所示方向，缠绕编织。

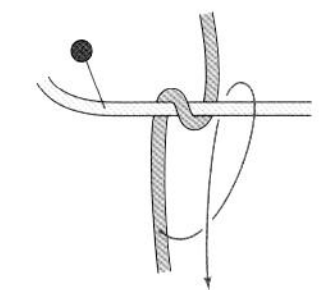

2 继续按照箭头所示方向编织。

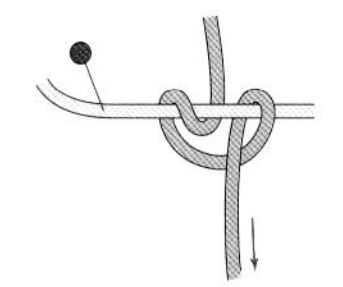

3 编织线向下拉紧。

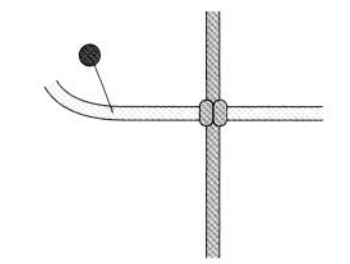

4 1个横卷结完成。

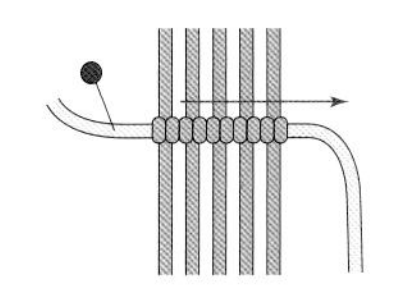

5 然后从左向右编织一段横卷结后的状态。

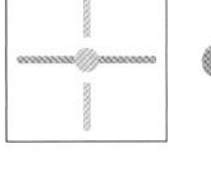

●横卷结　从右向左编织

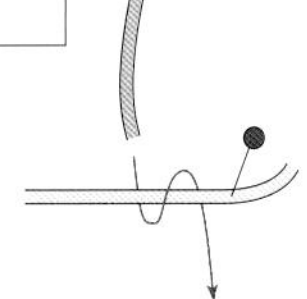

1 芯线横着放并固定，编织线竖向放置，然后按照箭头所示方向，缠绕编织。

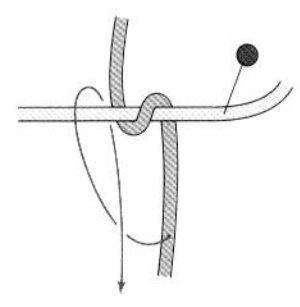

2 继续按照箭头所示方向编织。

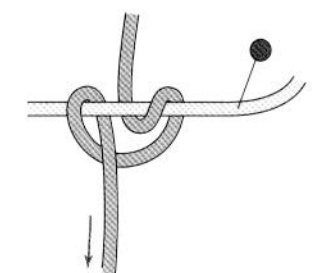

3 编织线向下拉紧。

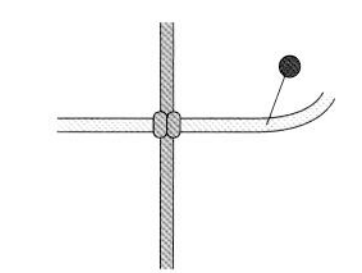

4 1个横卷结完成。

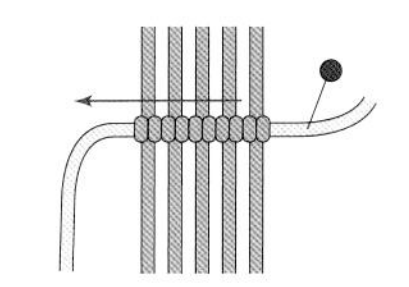

5 然后从右向左编织一段横卷结后的状态。

●斜卷结（平行）

横卷结的应用。芯线斜向放置，按照横卷结相同的顺序编织。
芯线每行都会变化

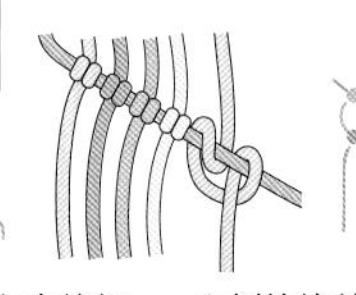

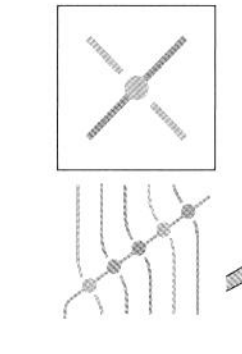

从左向右编织……左侧的线就是芯线

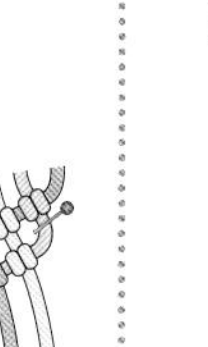

从右向左编织……右侧的线就是芯线

●斜卷结（“之”字形）

芯线斜向放置，
竖向的线按照顺序缠绕编织

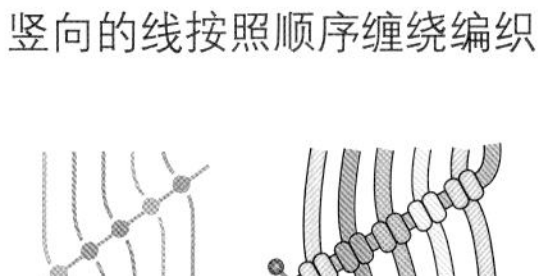

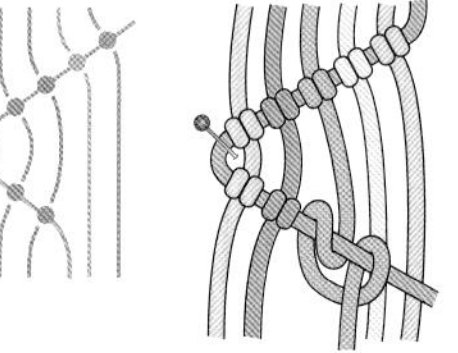

●纵卷结　从左向右编织

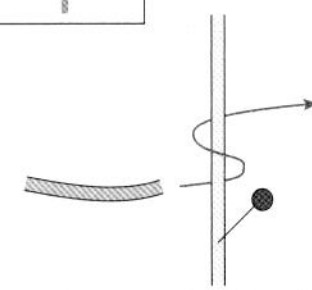

1 芯线竖着放并固定，编织线横向放置，然后按照箭头所示方向，缠绕编织。

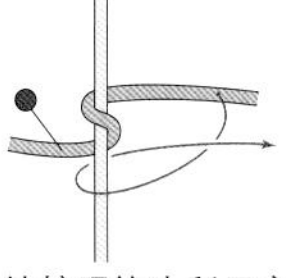

2 继续按照箭头所示方向编织。

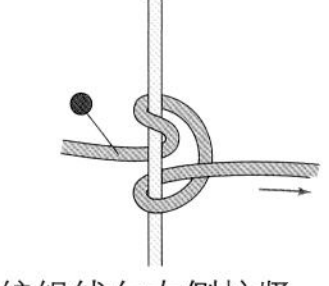

3 编织线向右侧拉紧。

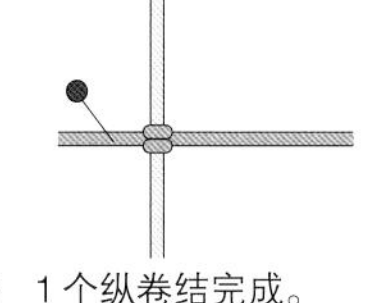

4 1个纵卷结完成。

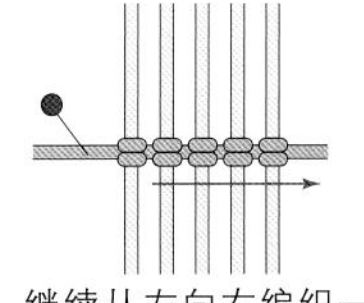

5 继续从左向右编织一段纵卷结后的状态。

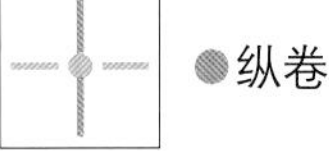

●纵卷结　从右向左编织

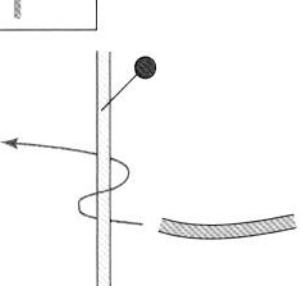

1 芯线竖着放并固定，编织线横向放置，然后按照箭头所示方向，缠绕编织。

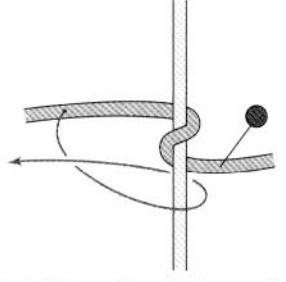

2 继续按照箭头所示方向编织。

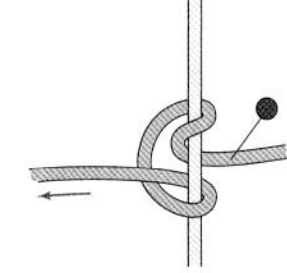

3 编织线向左侧拉紧。

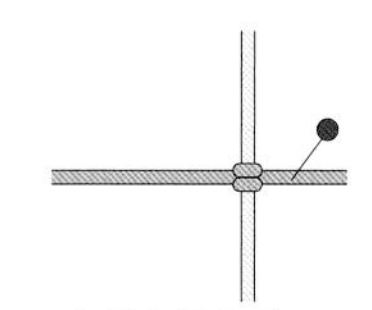

4 1个纵卷结完成。

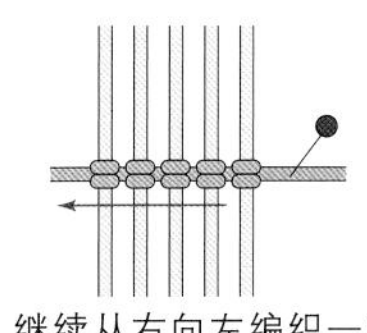

5 继续从右向左编织一段纵卷结后的状态。

绳头结　把一束线一起整理时使用的编织方法

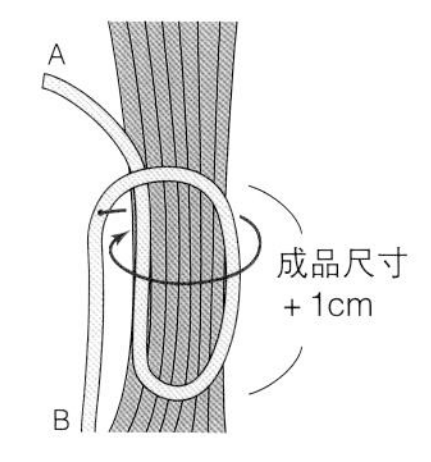

1 把想要整理的一束线为芯线，用另线如图所示，不留缝隙地重复缠绕。

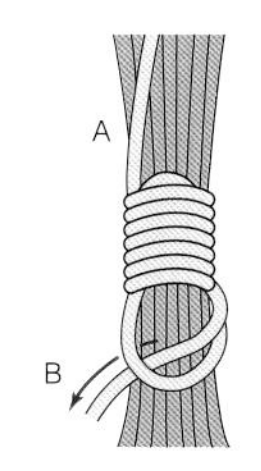

2 缠绕至所需的长度后，线头的B端穿过下面的线圈。

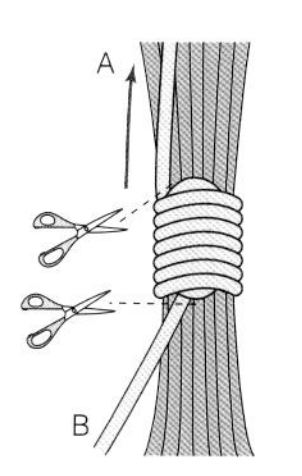

3 拉住线头A端，线头B端的线圈会被拉进编织好的线结中固定，然后把两端多余的线剪断。

单结　将线绕一圈后打结

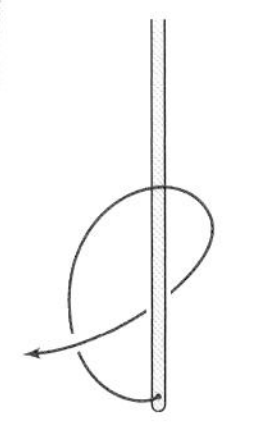

1 如图所示，将线绕一圈。

2 拉紧线的一端。

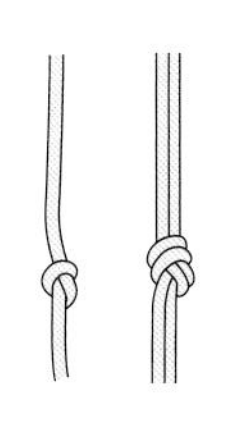

3 完成。不管几根线都是用相同的方法。

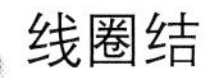

线圈结　缠绕2次，然后拉紧使结呈线圈状

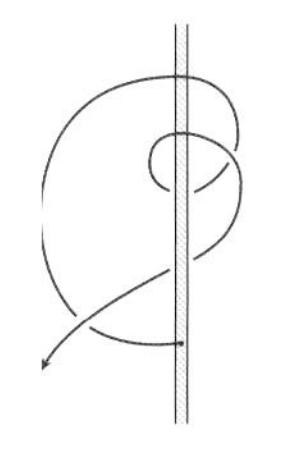

1 按照单结的要领，缠绕2次。

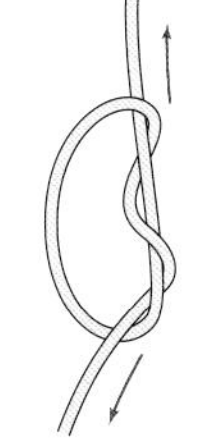

2 把缠绕的部分做成线圈状，拉紧。

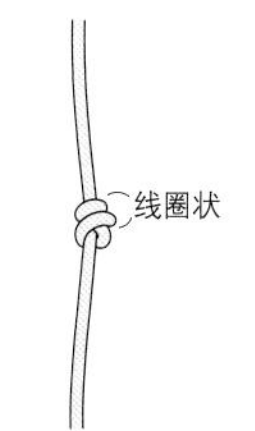

3 完成。

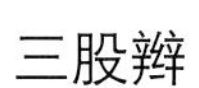

三股辫　将3根线左右交替拉入内侧编织

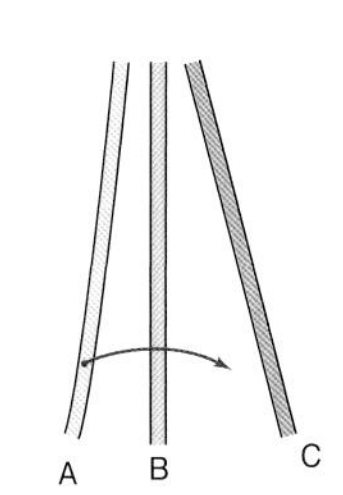

1 A线放在B线上，置于中间。

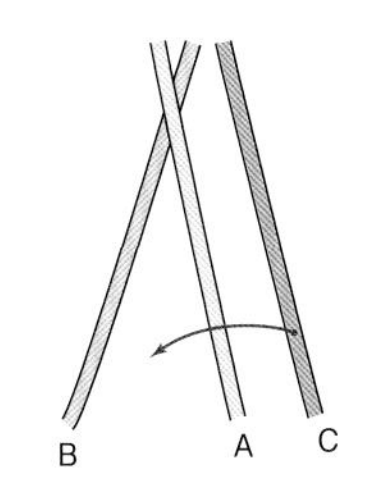

2 C线放在A线上，置于中间。

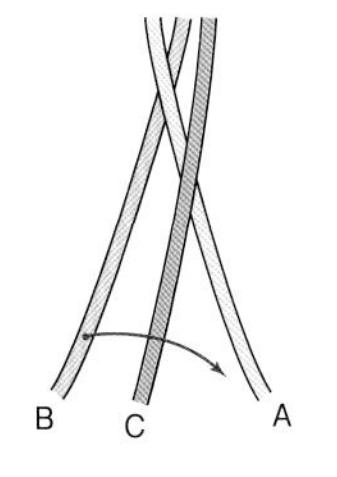

3 按照步骤1、2的要领，把外侧的线放入内侧编织。

4 编织的时候注意要拉紧线，不要留出缝隙。

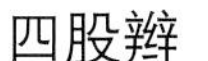

四股辫　用4根线，把两侧的线拉入内侧编织

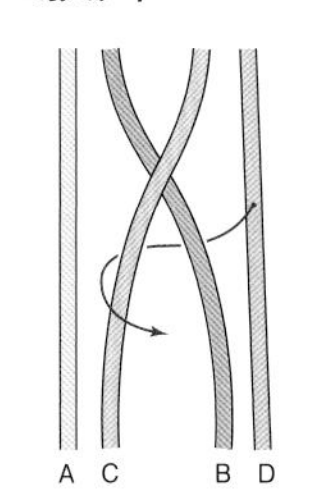

1 C线放在B线上，D线从B线、C线的后面穿过，然后从左侧线的内侧拉出，置于中间。

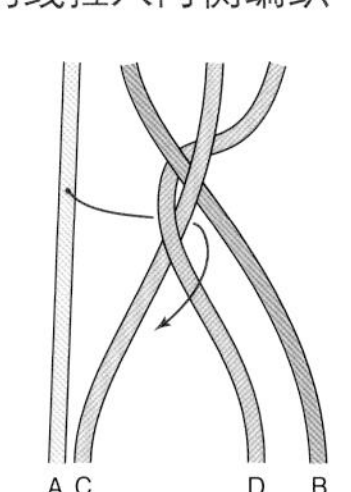

2 A线从C线和D线的后面穿过，然后从右侧线的内侧拉出，置于中间。

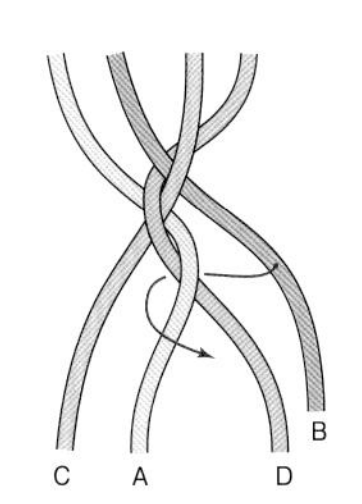

3 将B线从D线和A线的后面穿过，然后从左侧线的内侧拉出，置于中间。

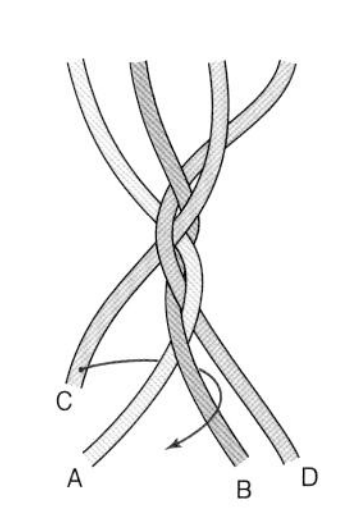

4 重复步骤2、3，在编织的时候注意要拉紧线，防止出现缝隙。

绳头结
单结
线圈结
三股辫
四股辫

工具

在这里为大家介绍一下在制作时需要使用到的工具。
如果制作过程中使用软木板和大头针，那么制作起来就会变得更加容易。

●剪刀
在剪断线的时候使用。推荐使用尖部较细的，裁剪的时候更方便。

●黏合剂
在黏合金属配件时使用，所以推荐大家购买金属制品也可以用的胶。

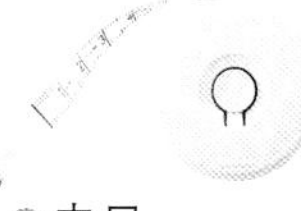

●皮尺
用于测量线和结的长度。

●竹签
（或者牙签）
涂黏合剂时使用。

●大头针
把编织好的结固定在软木板上的时候使用。

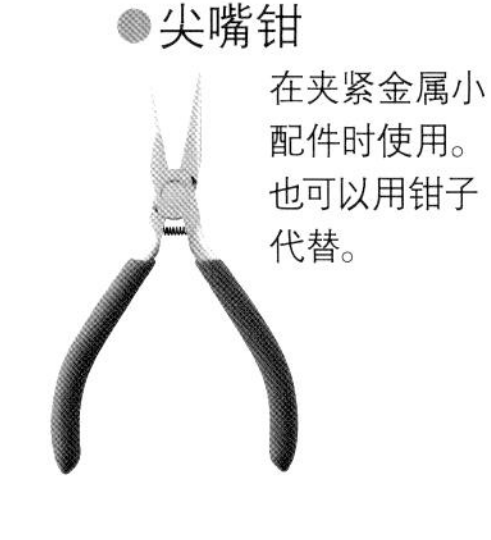

●尖嘴钳
在夹紧金属小配件时使用。也可以用钳子代替。

●打火机
在剪断线头，烧熔固定（p.33 ❾）时使用。

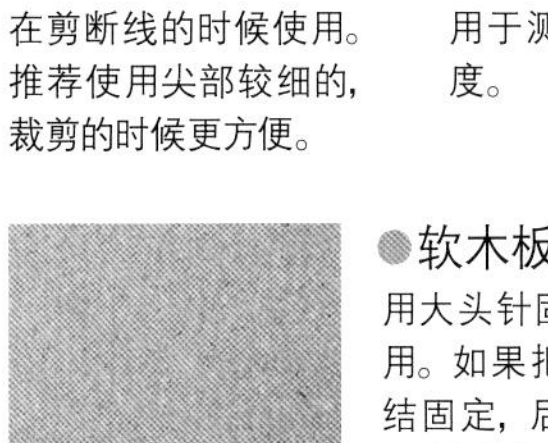

●软木板
用大头针固定线时使用。如果把编织好的结固定，后面的制作过程会变得更容易。图中软木板的大小为20cm×30cm。

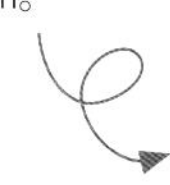

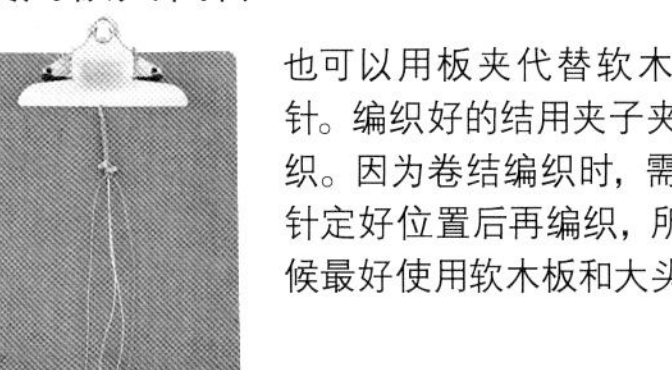

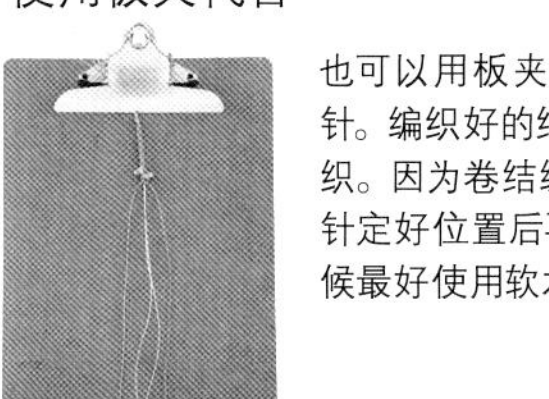

使用板夹代替

也可以用板夹代替软木板和大头针。编织好的结用夹子夹住后再编织。因为卷结编织时，需要用大头针定好位置后再编织，所以这个时候最好使用软木板和大头针编织。

制作要点

Point 1
在正式编织前，先进行试编
在正式编织前，先用手头现有的一些线进行试编。试编的时候要确认一下手劲儿的大小和结的形状，等稍微习惯之后再正式编织，这样成品的形状会更好。

Point 2
编织用线准备得稍长一些
因为每个人手的力度不同，所以在编织的时候，参考制作方法页的材料，根据自己的习惯，确定线或者麻绳需要的长度。因为制作过程中是没有办法添加的，所以在完全习惯之前，建议大家都准备稍微长一点的线。

Point 3
确认作品大小
本书中的作品都是通用的尺寸。制作适合自己尺寸的作品时，可以用丝带或者麻绳先确认一下大小。如果想制作较大的作品，只需准备较长的线即可。

编织小技巧

串珠的穿法

麻绳或者线穿过几颗串珠之后，线头就会裂开，后面的串珠穿起来就会很麻烦。特别是麻绳，线头更容易裂开，所以建议大家在穿串珠之前，先用黏合剂涂抹线头，然后把线头弄成尖尖的形状。如果是不容易裂开的线，把线头斜着剪掉即可。

1 在线头处涂上黏合剂，用手指涂抹均匀。

2 黏合剂干燥之后，端部斜向裁剪。

串珠的孔
和结组合到一起的串珠，其孔的大小是很重要的。因为有时候会穿过几根线，如果使用材料指定以外的串珠时，请先确认一下孔的大小是否合适。

使用线
（实物粗细）

下图是本书中使用的各种线实际的粗细。即使是相同的编织方法，但是线的粗细不同成品的尺寸也会不同。

Wax Cord 粗0.7mm◇

Wax Cord 粗1mm◇

Wax Cord 粗1.2mm（HRB）◇

Micro Macrame Cord 粗0.7mm☆

1mm蜡光线 粗1mm●

Hemp Twine 中粗☆

亚麻线 细◇

亚麻线 细 段染◇

亚麻线 细 带金线◇

Himalayan Material尼泊尔亚麻线●

Misanga线☆

鹿皮绳 粗1mm☆

鹿皮绳 粗1.5mm☆

不锈钢绳 粗0.8mm☆

Marchen Rosetta Cord 粗1mm☆

La Marchen tape 宽3mm☆

◇藤久 ☆Marchen-art ●CHAMLANG

制作方法

图片
p.4 **3、4 手链**

●材料

3 Micro Macrame Cord 亮灰色（1456） 60cm 1根（a）、140cm 1根（c），灰紫色（1461）140cm 1根（b）
收尾扣 银色（AC1438）1个

4 Micro Macrame Cord 米色（1455） 60cm 1根（a）、140cm 1根（c），蓝色（1459） 140cm 1根（b）
收尾扣 金黄色（AC1437）1个

【尺寸】全长约19cm

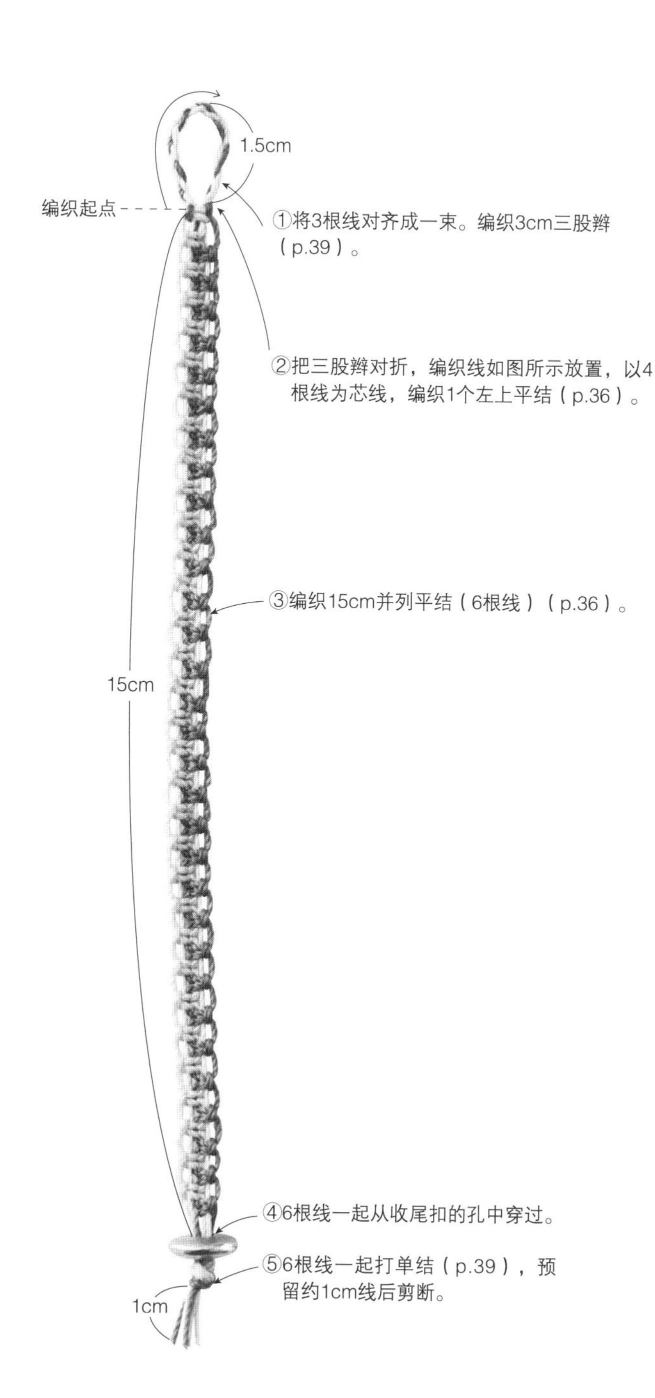

①起点处的编织方法

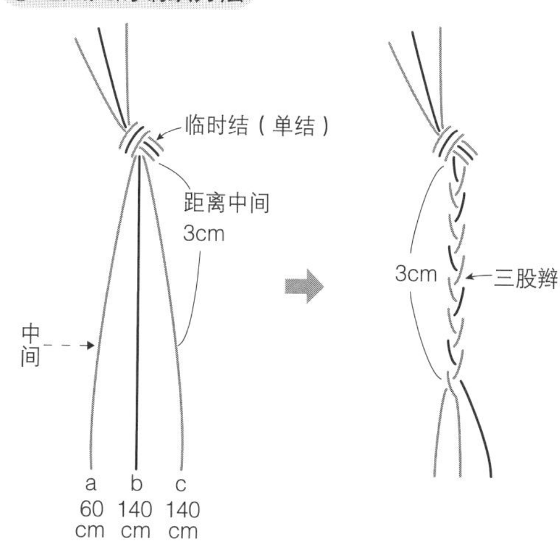

将3根线如图所示对齐成一束。在距离中间3cm处打临时结，然后编织3cm三股辫。

②对折的方法

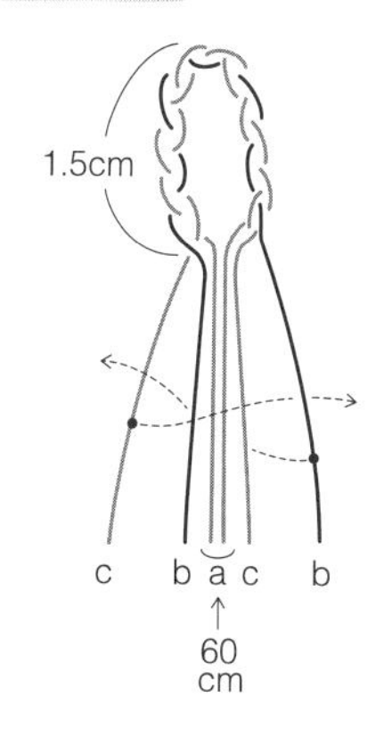

1. 解开临时结，然后把三股辫对折。如图所示摆放编织线，以两边的线为编织线，以内侧的4根线为芯线，编织1个左上平结。

2. 如图所示摆放编织线，编织并列平结（6根线）。

图片
p.6 **8、9、10 手链**

●材料

8、9、10 通用
不锈钢绳粗0.8mm 古董银色(714)75cm 2根
金属配件 心形环(AC1489)1个
铆钉固定扣 银色(S1005)1组

8 圆形水晶石直径8mm 柠檬黄色(AC592)1颗
9 圆形水晶石直径8mm 珊瑚粉色(AC593)1颗
10 淡水珍珠 M号 白色(AC706)1颗

【尺寸】全长约19cm

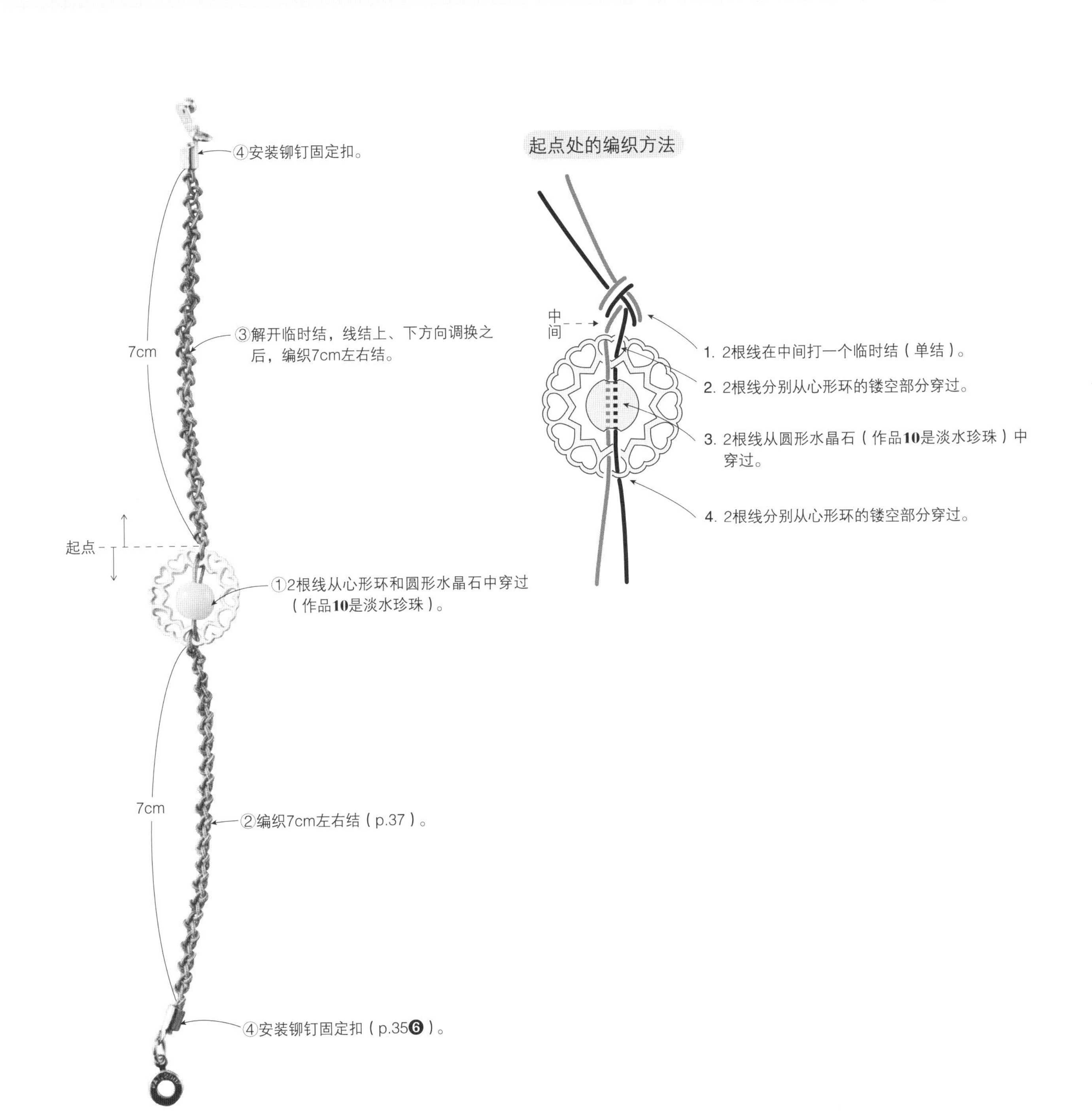

图片
p.7

11、12　手链

●材料

11
- 鹿皮绳粗1.5mm　淡黄色（502）160cm　1根
- Micro Macrame Cord　茶色（1464）260cm　1根
- 古典金色金属环　（AC1274）1个
- 优质金属串珠4mm　金色（AC1429）16颗
- 淡水珍珠S号　金色（AC722）14颗
- 圆形水晶石直径6mm　淡黄色（AC581）18颗、橙色（AC381）10颗
- 玻璃串珠　珍珠（AC1391）30颗
- 金属串珠　金色（AC1644）5颗

12
- 鹿皮绳粗1.5mm　藏青色（507）160cm　1根
- Micro Macrame Cord　深蓝色（1460）260cm　1根
- 白镴　（AC1264）1个
- 优质金属串珠4mm　银色（AC1430）16颗
- 淡水珍珠S号　白色（AC704）14颗
- 圆形水晶石直径6mm　粉红色（AC284）18颗、紫色（AC386）10颗
- 玻璃串珠　珍珠（AC1391）30颗
- 金属串珠　银色（AC1645）5颗

【尺寸】全长约60cm

［　］内是作品12

起点

①把鹿皮绳从古典金色金属环的中间穿过，然后对折。

②2根线一起打单结（p.39）。

③编织成梯形。2颗优质金属串珠和2颗淡水珍珠交替穿过编织7次。然后再穿过2颗优质金属串珠。

④编织成梯形。圆形水晶石[粉红色]3颗、[紫色]2颗交替穿过编织5次。然后，再单独穿过3颗圆形水晶石[粉红色]。

⑤编织成梯形。5颗玻璃串珠和1颗金属串珠交替编织5次。然后，穿过5颗玻璃串珠。

⑥用共线编织绳头结（p.39）。把蜡绳的端部用打火机烧熔固定（p.33❾）。

⑦用2根线打单结。

⑧空出2cm后，再用2根线打3个单结。

⑨最后留出3cm，剪断。

约15cm　约15cm　约17cm　1cm　2cm（☆）　3cm

③梯形的编织方法

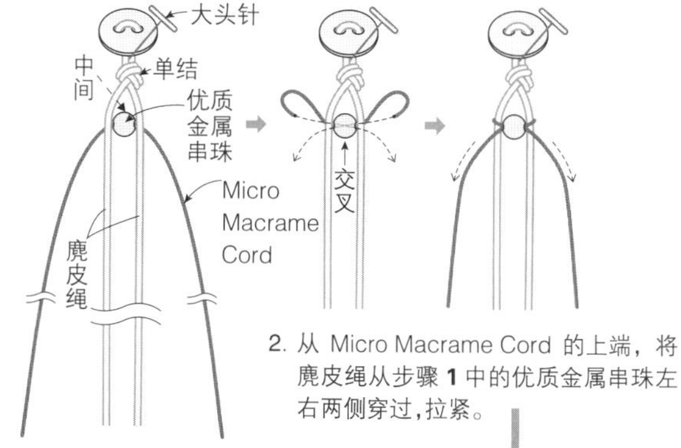

1. 钉好大头针，固定上端。用鹿皮绳从 1 颗优质金属串珠中间穿过，Micro Macrame Cord 的下侧如图所示放置。Micro Macrame Cord 是用针固定好的。
2. 从 Micro Macrame Cord 的上端，将鹿皮绳从步骤 **1** 中的优质金属串珠左右两侧穿过，拉紧。

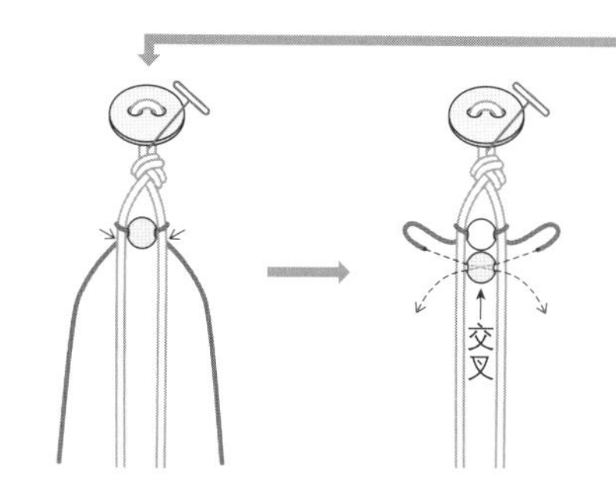

3. 鹿皮绳放在 Micro Macrame Cord 的后面。
4. 在 Micro Macrame Cord 的中间放上金属串珠，鹿皮绳从串珠的左右两侧穿过，和步骤 3 相同，鹿皮绳放在 Micro Macrame Cord 的后面。重复以上的步骤就能编织成梯形。

⑥用共线编织绳头结

<反面>

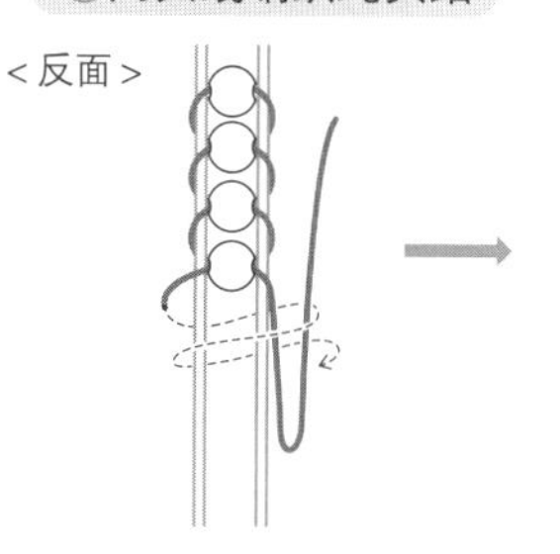

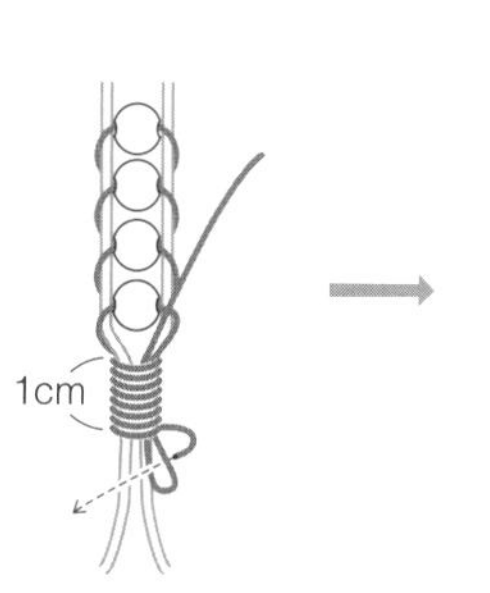

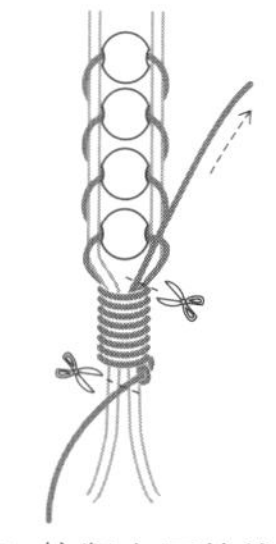

1. 翻到反面，把 1 根鹿皮绳向下弯曲成环形。另一侧的鹿皮绳在 Micro Macrame Cord 上缠绕 1cm。
2. 缠绕的鹿皮绳从下面的环中穿过。
3. 拉紧上面的线，下面的环就会收紧。在鹿皮绳的端头留出0.2cm长后剪断。端头按照烧熔固定的方法处理。

图片
p.18 53、54、55 手环

●材料

53 亚麻线（细） a色：蜡粉色段染（20）350cm 1根、b色：淡黄色（28）100cm 4根、c色：天蓝色（12）100cm 2根

54 亚麻线（细） a色：蓝紫色段染（23）350cm 1根、b色：淡桃粉色（30）100cm 4根、c色：玫瑰色（14）100cm 2根

55 亚麻线（细） a色：彩虹色段染（21）350cm 1根、b色：橘黄色（9）100cm 4根、c色：蓝绿色（3）100cm 2根

【尺寸】全长约19cm

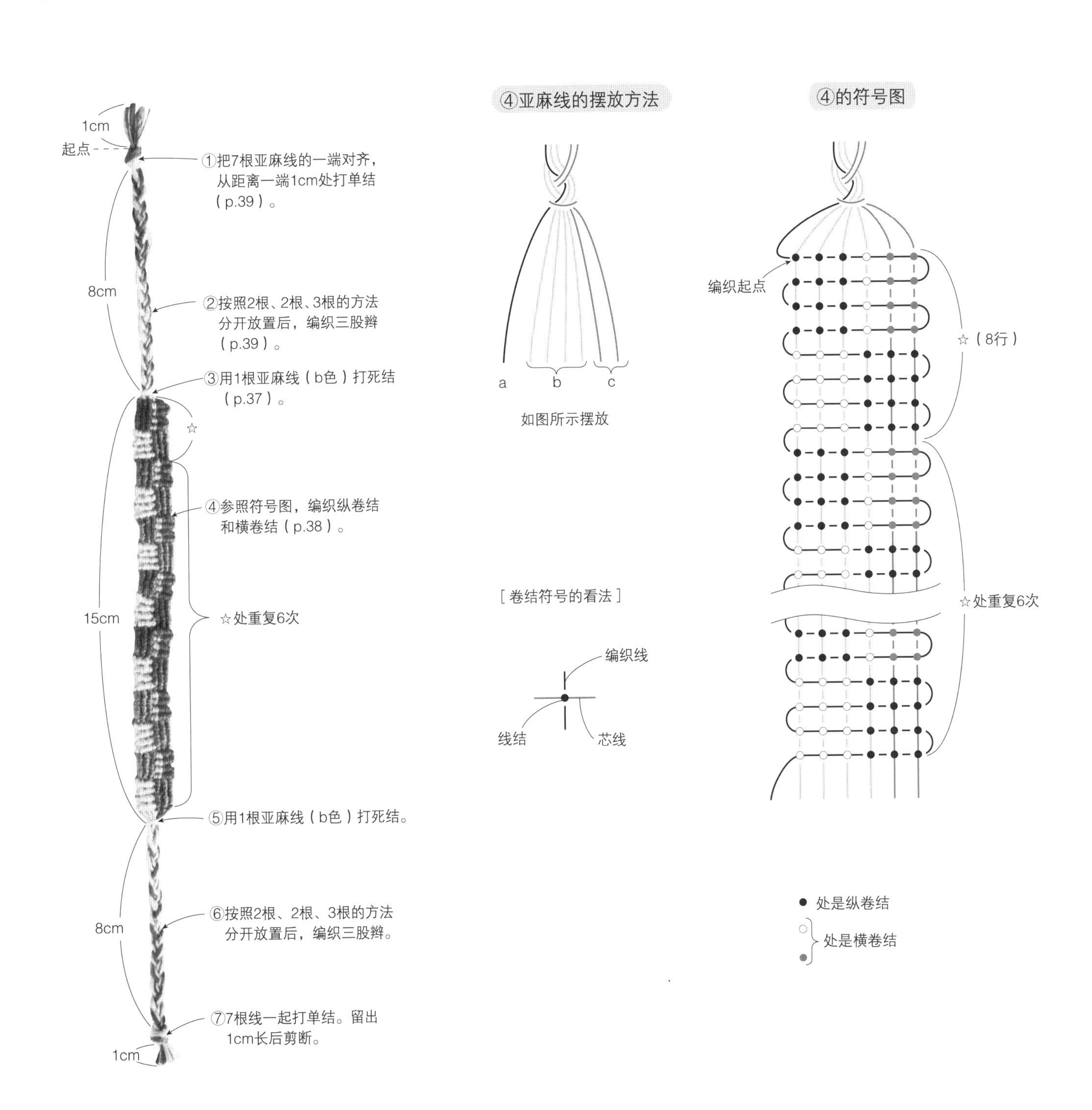

图片
p.17 **49、50、51、52 手链**

●材料

Micro Macrame Cord
49 亮灰色（1456）、**50** 米白色（1455）、
51 黄褐色（1452）、**52** 棕色（1453）各330cm 1根
49 橘黄色（1443）、**50** 蓝色（1448）、
51 黄色（1442）、**52** 蓝绿色（1450）各300cm 1根

水晶小碎石
49 粉色珊瑚石（AC603）、**50** 天青石（AC809）、
51 文石（AC601）、**52** 绿长石（AC802）各14颗

49、50、51、52通用
优质金属串珠2mm 银色（AC1426）78颗
优质金属串珠3mm 银色（AC1428）13颗
卡伦银 （AC791）1颗

【尺寸】全长约53cm

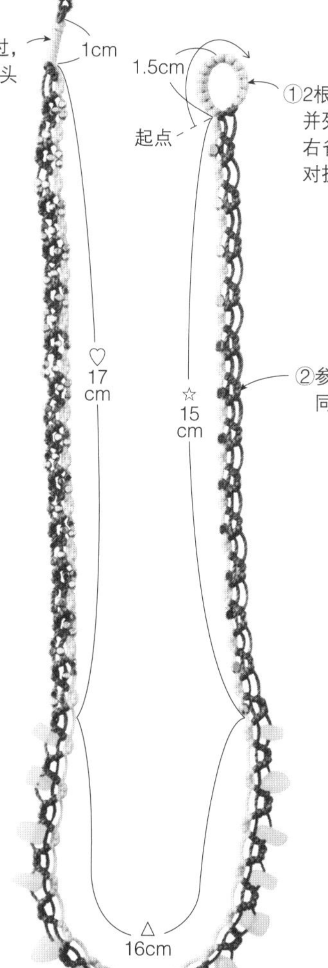

②的符号图

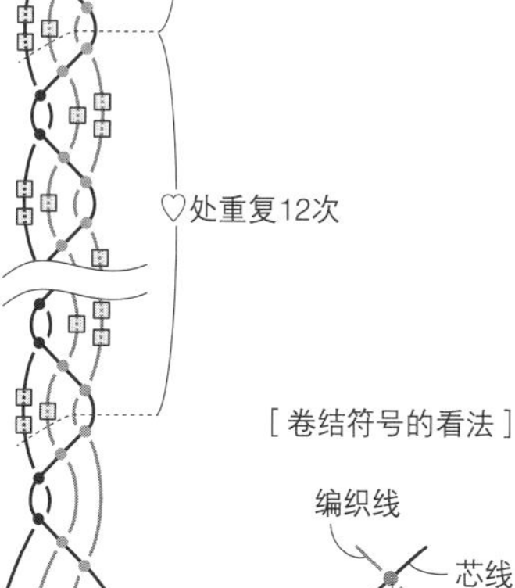

［卷结符号的看法］
编织线
芯线
线结

①起点处的编织方法

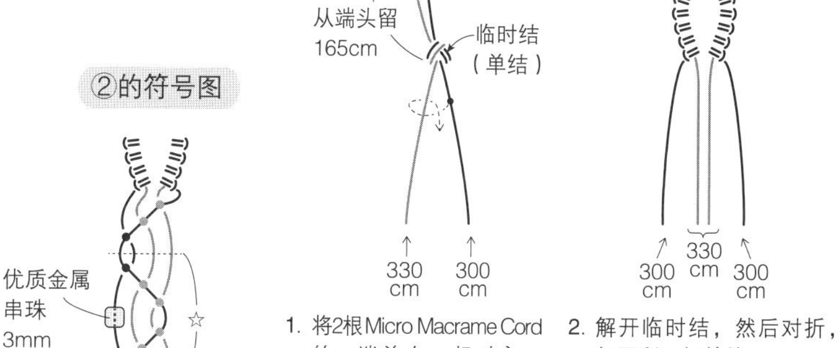

1. 将2根Micro Macrame Cord的一端并在一起对齐，上面留出165cm长，用300cm长的线编织14个右雀头结。

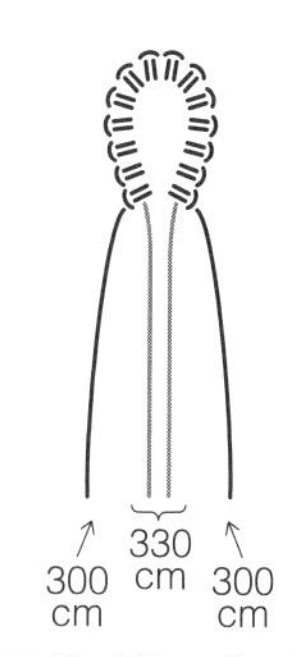

2. 解开临时结，然后对折，如图所示摆放线。
※②的卷结，按照顺序开始编织。

③用共线编织绳头结

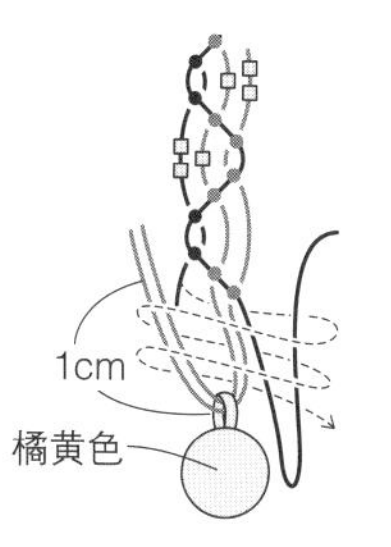

1. 内侧的2根线从卡伦银中穿过，折1cm。右侧的1根线如图所示折叠，向下做成环。以剩余的所有线为芯线，用左侧的1根线缠绕1cm卷结。

2. 缠绕卷结后的线从下面的环中穿过。拉紧右上端的线，然后拉入下面的环中。

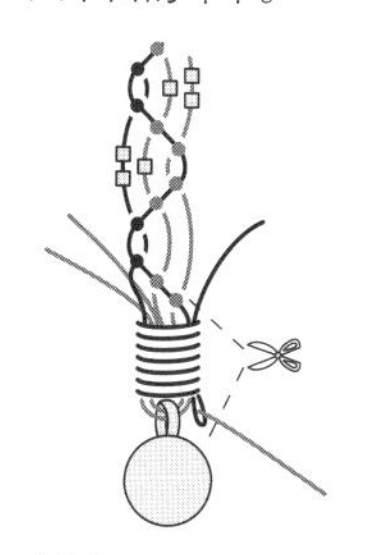

3. 在Micro Macrame Cord的位置留出约0.2cm长后剪断，用打火机烧熔固定。

图片
p.8

15、16 项链
17、18 手链
19、20 耳坠

●材料

15 项链

Wax Cord 粗1.2mm 玫红色（HRB-4）140cm 2根、粉红色（HRB-4）105cm 2根
尼龙线3号 透明（H4449）20cm 3根
Mirco塑料串珠（S260/92号）1颗、（S256/131号）2颗、（S252/94号）4颗、（S202/61号）2颗
钩玉串珠（MA2136F）36颗
特大串珠（H6596 3956号）29颗
长款球形串珠（H6468 LDP2136F）16颗

16 项链

Wax Cord 粗1.2mm 深蓝色(HRB-4)140cm 2根、棕色(HRB-4)105cm 2根
尼龙线3号 透明(H4449)20cm 3根
Mirco塑料串珠(S260/72号)1颗、(S256/148号)2颗、(S252/136号)4颗、(S202/3号)2颗
钩玉串珠(MA2134F)36颗
特大串珠(2029号)29颗
长款球形串珠(H6487 LDP2008)16颗

17 手链

Wax Cord 粗1.2mm 粉红色（HRB-4）60cm 2根、40cm 2根，平结收尾用：25cm 1根
尼龙线3号 透明（H4449）20cm 2根
Mirco塑料串珠（S260/92号）1颗
钩玉串珠（MA2136F）24颗
特大串珠（H6596 3956号）12颗
长款球形串珠（H6468 LDP2136F）16颗

18 手链

Wax Cord 粗1.2mm 棕色(HRB-4)60cm 2根、40cm 2根，平结收尾用：25cm 1根
尼龙线3号 透明(H4449)20cm 2根
Mirco塑料串珠(S260/72号)1颗
钩玉串珠(MA2134F)24颗
特大串珠(2029号)12颗
长款球形串珠(H6487 LDP2008)16颗

19 耳坠

Wax Cord 粗1.2mm 玫红色（HRB-4）40cm 2根、粉红色（HRB-4）25cm 2根
Mirco塑料串珠（S256/131号）2颗
特大串珠（H6596 3956号）2颗
长款球形串珠（H6468 LDP2136F）16颗
耳钩 银色（K2537/S）1对

20 耳坠

Wax Cord 粗1.2mm 深蓝色（HRB-4）140cm 2根、棕色（HRB-4）25cm 2根
Mirco塑料串珠（S256/148号）2颗
特大串珠（2029号）2颗
长款球形串珠（H6487 LDP2008）16颗
耳钩 银色（K2537/S）1对

【尺寸】**15~18** 67.5~80.5cm（可以调整）
19、20 全长约8cm（包括金属配件）

15、16 项链

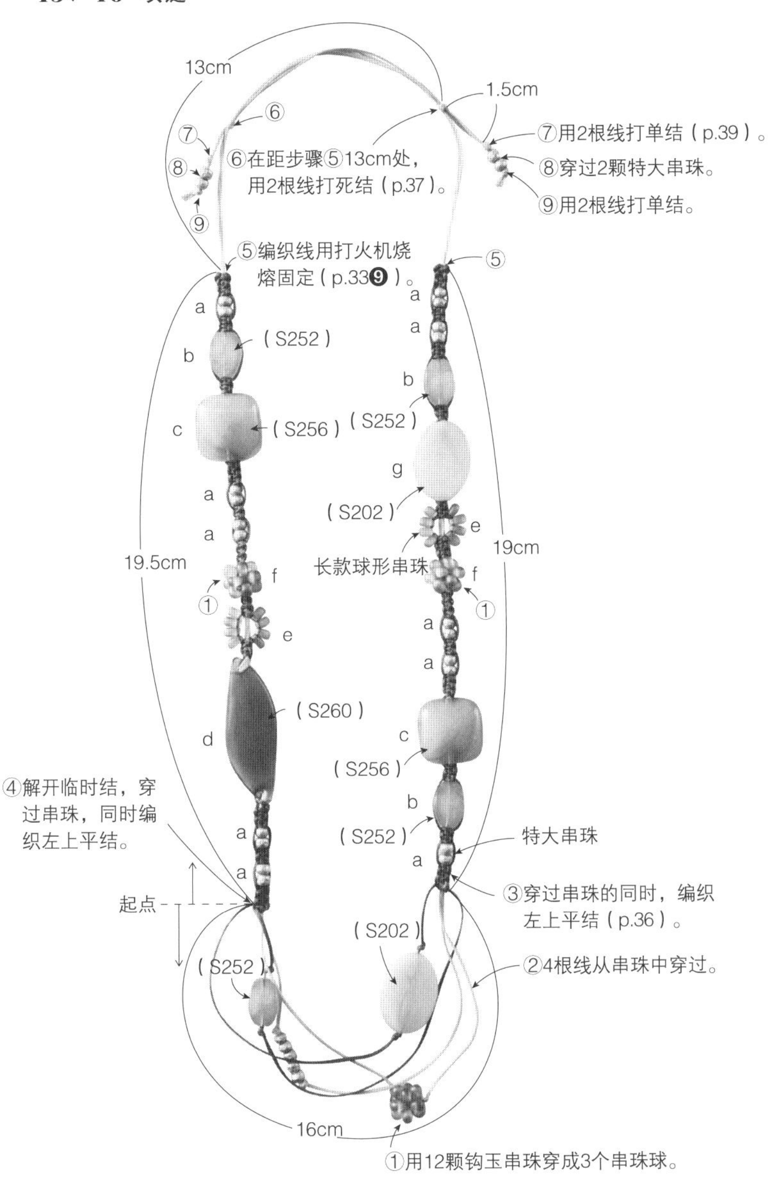

①串珠球的制作方法

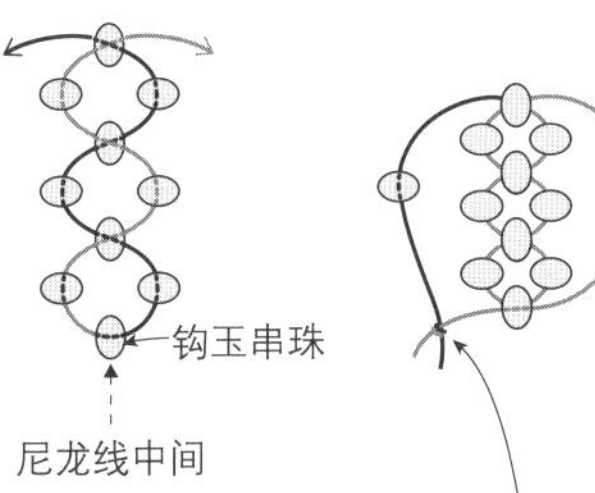

1. 把10颗钩玉串珠如图所示，穿到20cm长的尼龙线上。
2. 然后把剩下的2颗串珠也从尼龙线上穿过，拉紧线打结。结的位置用黏合剂粘贴。
3. 项链需要3个串珠球，手链需要2个串珠球，要事先准备好。

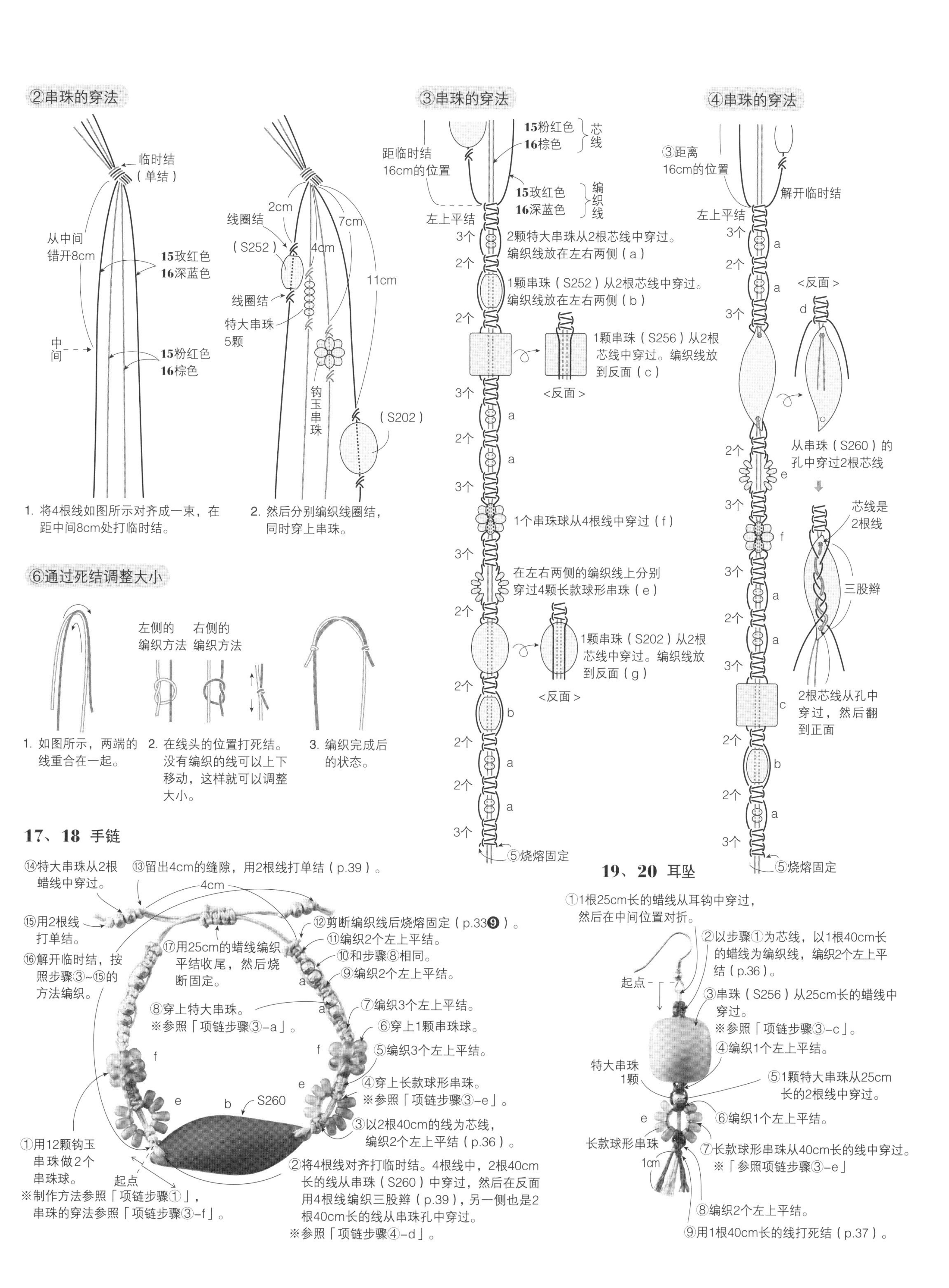
②串珠的穿法
临时结
（单结）
从中间
错开8cm
15玫红色
16深蓝色
中间
15粉红色
16棕色
1. 将4根线如图所示对齐成一束，在距中间8cm处打临时结。
2cm
线圈结
7cm
（S252）
4cm
11cm
线圈结
特大串珠
5颗
钩玉串珠
（S202）
2. 然后分别编织线圈结，同时穿上串珠。
③串珠的穿法
15粉红色
16棕色
芯线
距临时结
16cm的位置
15玫红色
16深蓝色
编织线
左上平结
3个
2颗特大串珠从2根芯线中穿过。
编织线放在左右两侧（a）
2个
1颗串珠（S252）从2根芯线中穿过。
编织线放在左右两侧（b）
1颗串珠（S256）从2根芯线中穿过。编织线放到反面（c）
<反面>
1个串珠球从4根线中穿过（f）
在左右两侧的编织线上分别穿过4颗长款球形串珠（e）
1颗串珠（S202）从2根芯线中穿过。编织线放到反面（g）
<反面>
⑤烧熔固定
④串珠的穿法
③距离
16cm的位置
解开临时结
左上平结
<反面>
从串珠（S260）的孔中穿过2根芯线
芯线是
2根线
三股辫
2根芯线从孔中穿过，然后翻到正面
⑤烧熔固定
⑥通过死结调整大小
左侧的
编织方法
右侧的
编织方法
1. 如图所示，两端的线重合在一起。
2. 在线头的位置打死结。没有编织的线可以上下移动，这样就可以调整大小。
3. 编织完成后的状态。
17、18 手链
⑭特大串珠从2根蜡线中穿过。
⑬留出4cm的缝隙，用2根线打单结（p.39）。
4cm
⑮用2根线打单结。
⑯解开临时结，按照步骤③~⑮的方法编织。
⑰用25cm的蜡线编织平结收尾，然后烧断固定。
⑫剪断编织线后烧熔固定（p.33❾）。
⑪编织2个左上平结。
⑩和步骤⑧相同。
⑨编织2个左上平结。
⑧穿上特大串珠。
※参照「项链步骤③-a」。
⑦编织3个左上平结。
⑥穿上1颗串珠球。
⑤编织3个左上平结。
④穿上长款球形串珠。
※参照「项链步骤③-e」。
S260
③以2根40cm的线为芯线，编织2个左上平结（p.36）。
①用12颗钩玉串珠做2个串珠球。
起点
※制作方法参照「项链步骤①」，串珠的穿法参照「项链步骤③-f」。
②将4根线对齐打临时结。4根线中，2根40cm长的线从串珠（S260）中穿过，然后在反面用4根线编织三股辫（p.39），另一侧也是2根40cm长的线从串珠孔中穿过。
※参照「项链步骤④-d」。
19、20 耳坠
①1根25cm长的蜡线从耳钩中穿过，然后在中间位置对折。
②以步骤①为芯线，以1根40cm长的蜡线为编织线，编织2个左上平结（p.36）。
起点
③串珠（S256）从25cm长的蜡线中穿过。
※参照「项链步骤③-c」。
④编织1个左上平结。
特大串珠
1颗
⑤1颗特大串珠从25cm长的2根线中穿过。
⑥编织1个左上平结。
长款球形串珠
⑦长款球形串珠从40cm长的线中穿过。
※「参照项链步骤③-e」
1cm
⑧编织2个左上平结。
⑨用1根40cm长的线打死结（p.37）。

图片
p. 9

21、22 手链

●材料

21 Micro Macrame Cord　灰紫色（1461）180cm　1根、50cm　3根，栗色（1463）180cm　1根

22 Micro Macrame Cord　黑色（1458）180cm　2根、50cm　3根

21、22 通用
优质金属串珠2mm　金色（AC1425）各16颗

【尺寸】全长约29cm

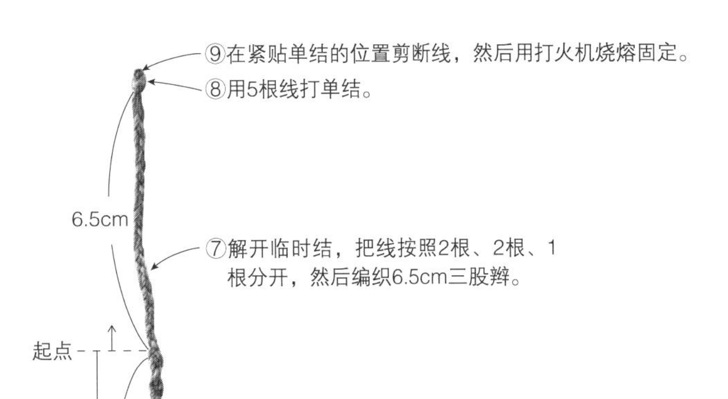

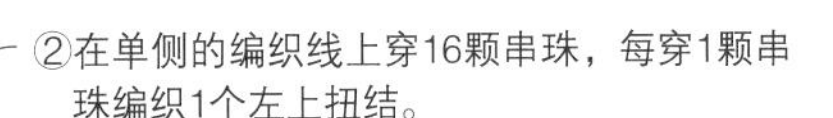

①起点处的编织方法

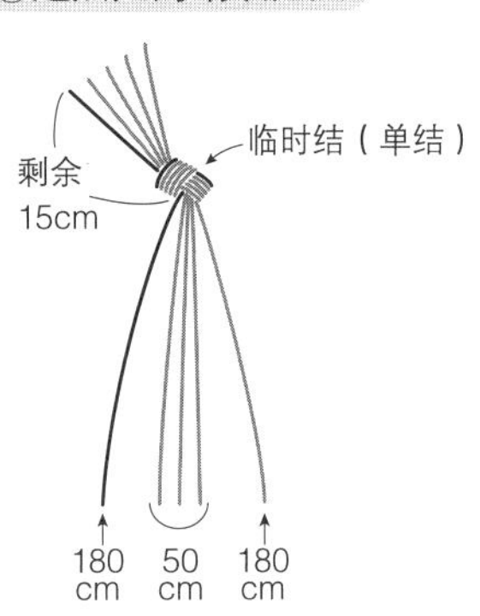

将5根线对齐后打临时结，如图所示摆放。

②串珠的穿法

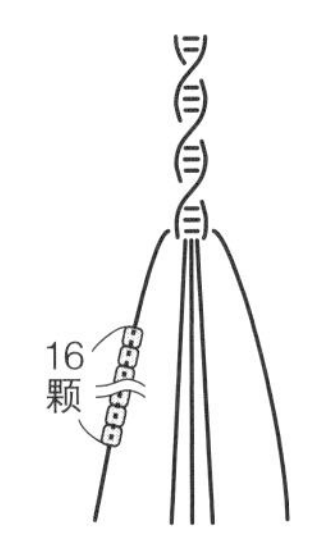

1. 左侧的编织线先穿上16颗串珠。线的端部要打结，防止串珠掉落。

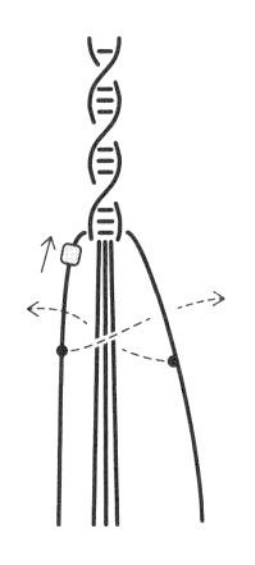

2. 把1颗串珠推到线结处，然后编织2个左上扭结。16颗串珠都按照相同方法编织。

图片
p.9

23、24 手链

●材料

23 Micro Macrame Cord A色：蓝色（1448）、B色：深蓝色（1460）、C色：浅绿色（1459）各90cm 1根
优质金属串珠3mm 银色（AC1428）7颗

24 Micro Macrame Cord A色：深红色(1445)、B色：橘黄色（1443）、C色：红色（1444）各90cm 1根
优质金属串珠3mm 金色（AC1427）7颗

【尺寸】全长约31cm

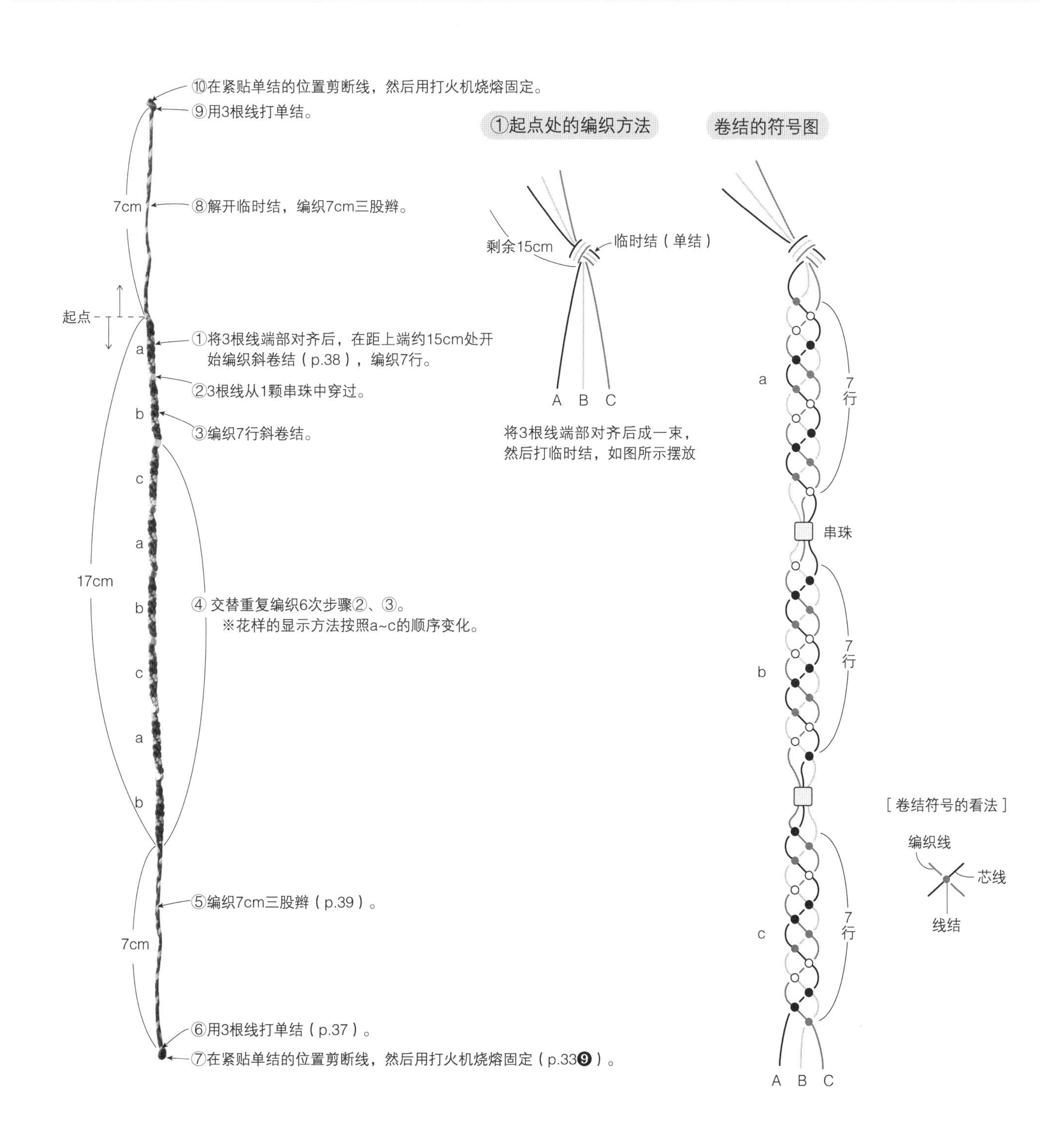

图片 p.10

25、26 项链

27、28 手链

●材料

25、26 项链

不锈钢绳 粗0.8mm New银色（716）300cm 1根、200cm 1根、100cm 1根、平结收尾用：30cm 1根

Micro塑料串珠16mm

25 绿松石色（K2007/65号）、**26** 粉红色（K2007/63号）各9颗

Micro塑料串珠8mm

25 绿松石色（K2003/29号）、**26** 粉红色（K2003/73号）各9颗

水晶石菱形5mm×10mm

25 绿松石色（K1241/8号）、**26** 无色透明（K1241/1号）各9颗

巴洛克式串珠

25（H6608/3958号 5/0）、**26**（H6604/3954号 5/0）各12颗

【尺寸】全长约70cm

27、28 手链

不锈钢绳 粗0.8mm New银色（716）

100cm 2根、50cm 1根

Micro塑料串珠8mm

27 绿松石色（K2003/29号）、**28** 粉红色（K2003/73号）各19颗

水晶石菱形5mm×10mm

27 绿松石色（K1241/8号）、**28** 无色透明（K1241/1号）各6颗

巴洛克式串珠

27（H6608/3958号 5/0）、**28**（H6604/3954号 5/0）各19颗

挂扣（K4251/53号）1组

【尺寸】全长约17cm

25、26 项链

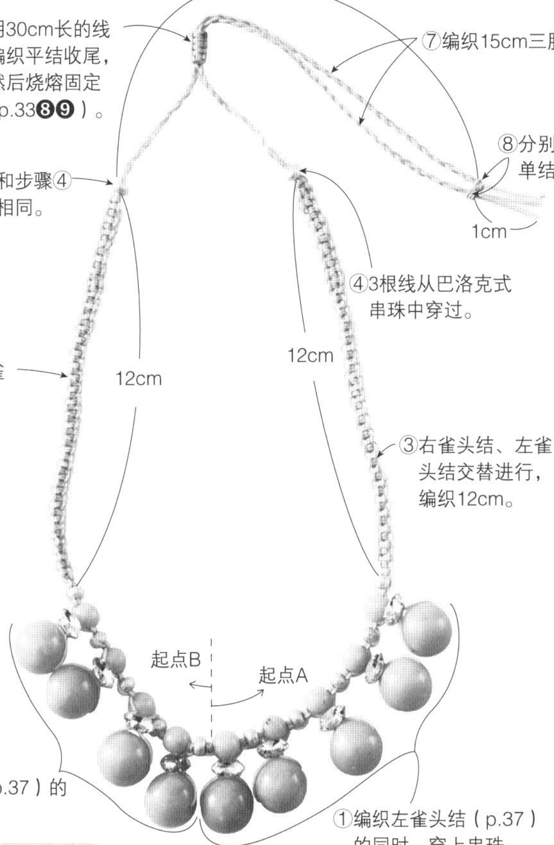

15cm

⑨用30cm长的线编织平结收尾，然后烧熔固定（p.33❽❾）。

⑦编织15cm三股辫（p.39）。

⑧分别把3根线都打单结（p.39）。

1cm

⑥和步骤④相同。

④3根线从巴洛克式串珠中穿过。

⑤左雀头结、右雀头结交替进行，编织12cm。

12cm

12cm

③右雀头结、左雀头结交替进行，编织12cm。

起点B

起点A

②编织右雀头结（p.37）的同时，穿上串珠。

①编织左雀头结（p.37）的同时，穿上串珠。

①串珠的穿法、编织方法

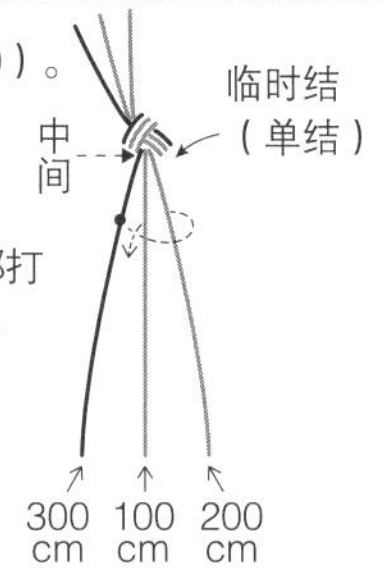

中间

临时结（单结）

300 cm 100 cm 200 cm

1. 将3根线如图所示对齐，打临时结，使线并列排列。用300cm长的线编织1个左雀头结。

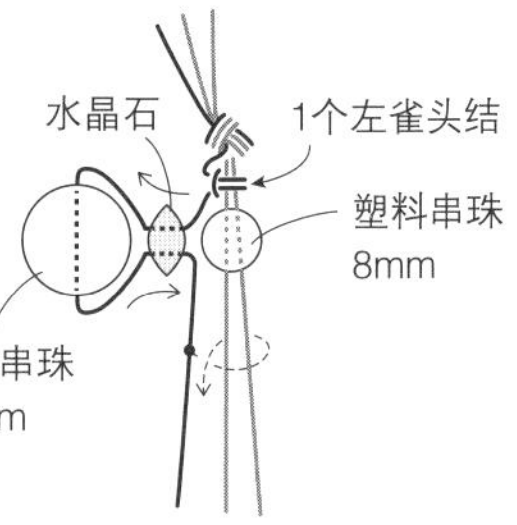

水晶石

1个左雀头结

塑料串珠8mm

塑料串珠16mm

2. 在300cm长的线上，如图所示，穿上水晶石和塑料串珠。在剩下的2根线上穿上1颗8mm塑料串珠，编织1个左雀头结。

※线从塑料串珠里面的2个孔中穿过。

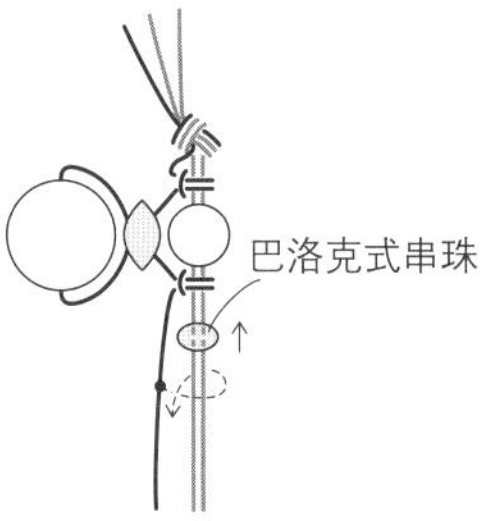

巴洛克式串珠

3. 2根线从1颗巴洛克式串珠中穿过，编织1个左雀头结。

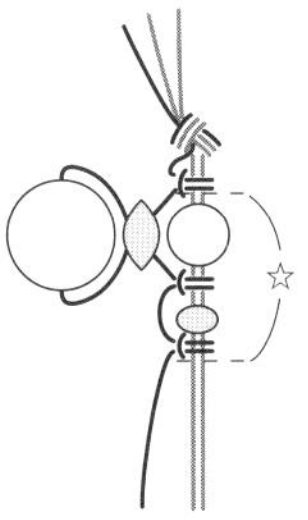

☆

4. 然后，继续重复步骤**2**、**3**，编织4次。

②串珠的穿法、编织方法

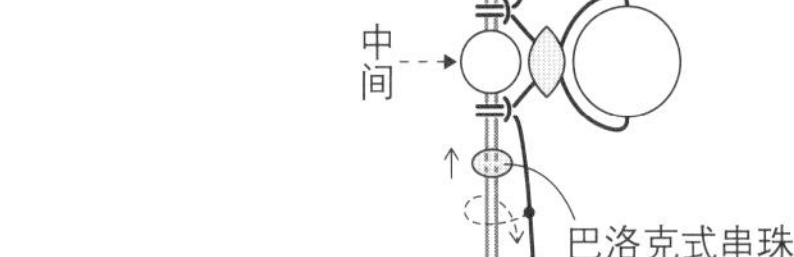

中间

巴洛克式串珠

200 cm 100 cm 300 cm

1. 解开临时结，把①中编织好的部分上、下调换。线如图所示放置，左侧的2根线从1颗巴洛克式串珠中穿过。用300cm长的线编织1个右雀头结。

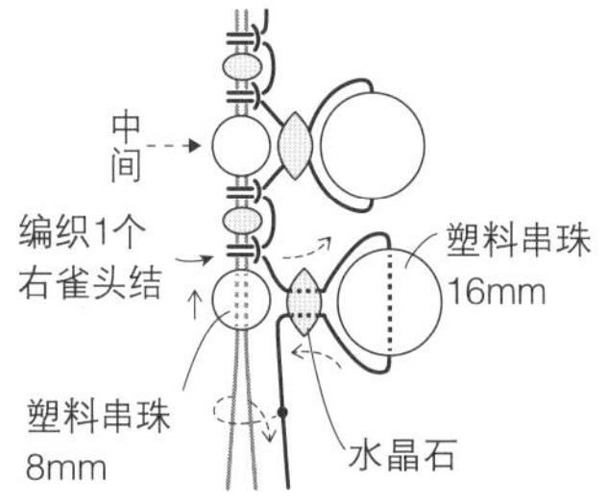

中间

编织1个右雀头结

塑料串珠16mm

塑料串珠8mm

水晶石

2. 在300cm长的线上，如图所示，穿上水晶石和16mm塑料串珠各1颗。在剩下的2根线上穿上1颗8mm塑料串珠，然后编织1个右雀头结。

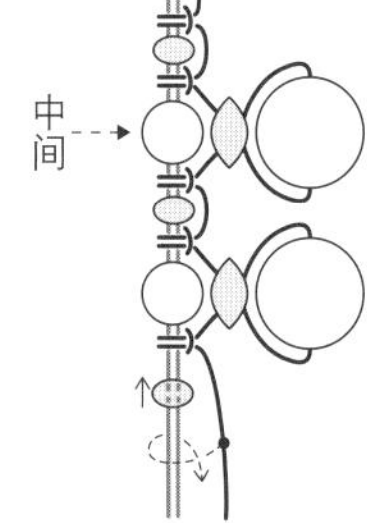

中间

3. 2根线从1颗巴洛克式串珠中穿过。编织1个右雀头结。

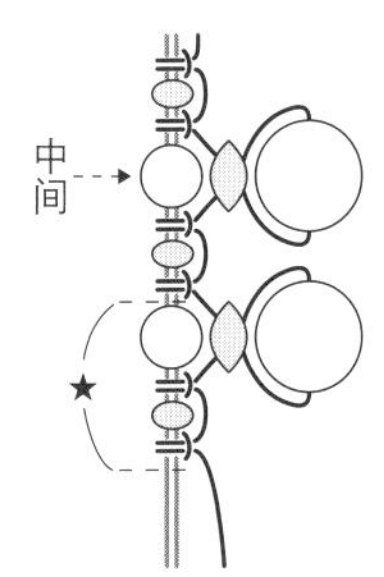

中间

★

4. 然后，继续重复步骤**2**、**3**，编织3次。

③编织方法

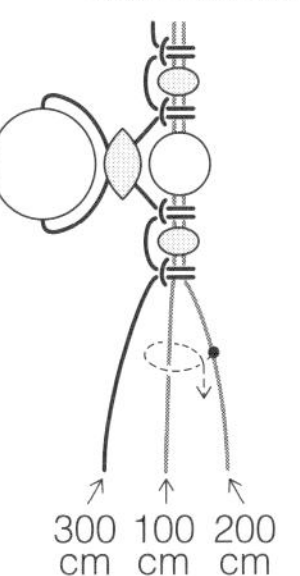

1. 线如图所示放置，以中间的线为芯线，用200cm长的线编织1个右雀头结。

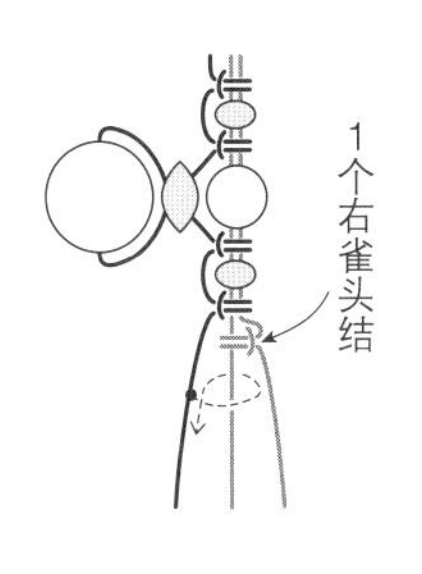

2. 以中间的线为芯线，用300cm长的线编织1个左雀头结。

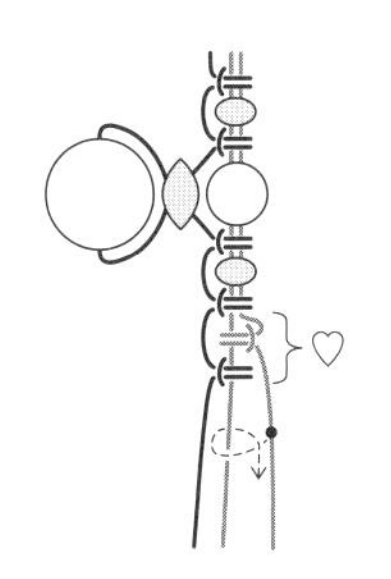

3. 然后，交替重复步骤**1**、**2**，编织12cm。

④编织方法

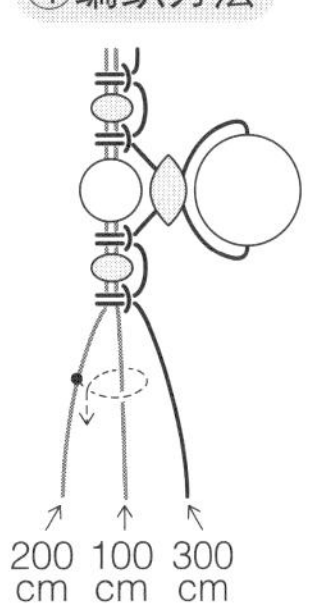

1. 线如图所示放置，以中间的线为芯线，用200cm长的线编织1个右雀头结。

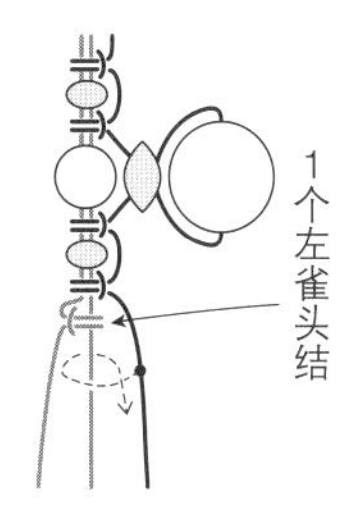

2. 以中间的线为芯线，用300cm长的线编织1个左雀头结。

3. 然后，交替重复步骤**1**、**2**，编织12cm长。

7、28 手链

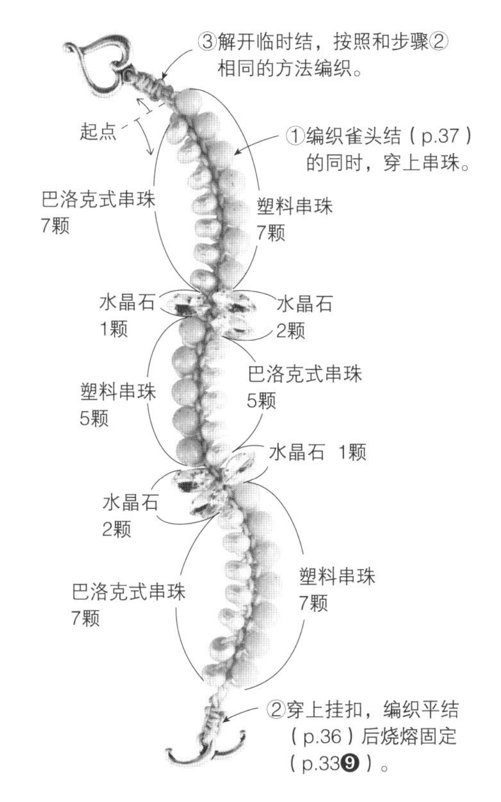

①起点处的编织方法、串珠的穿法

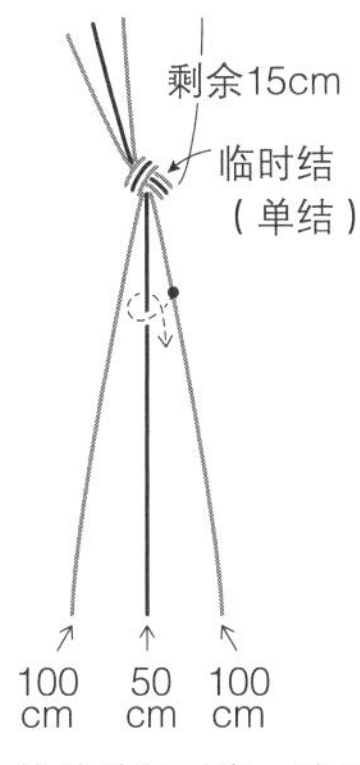

1. 将3根线的端部对齐，在距离上端15cm处打临时结，如图所示放置。用右侧的线，编织1个右雀头结。

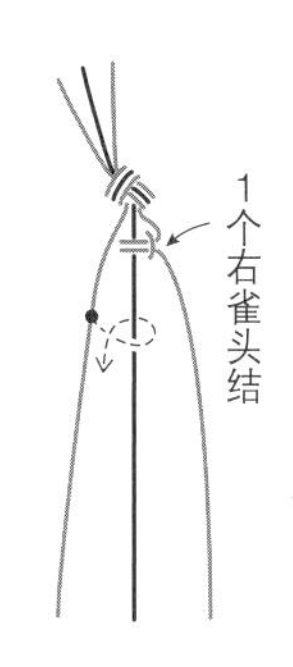

2. 用左侧的线，编织1个左雀头结。

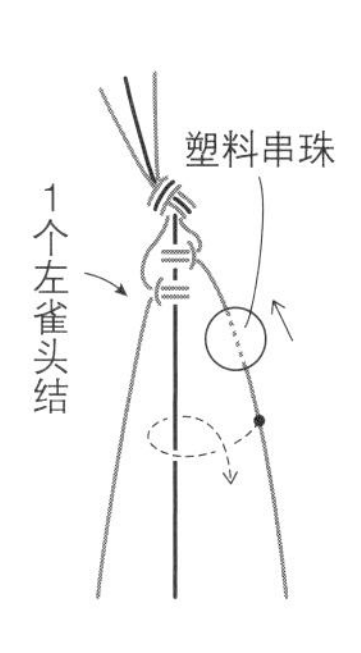

3. 1颗塑料串珠从右侧的线穿过，编织1个右雀头结。

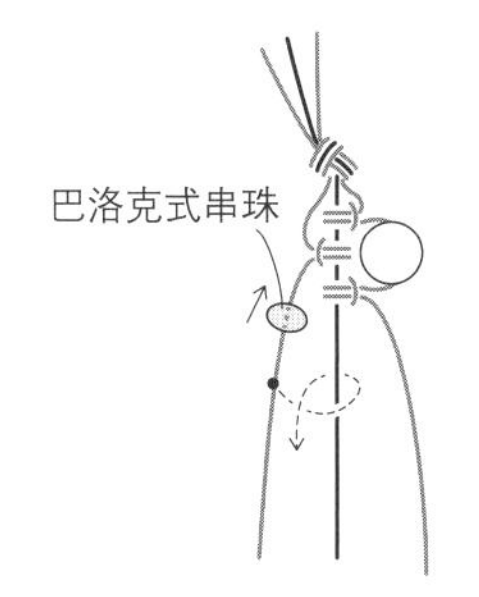

4. 1颗巴洛克式串珠从左侧的线穿过，编织1个左雀头结。

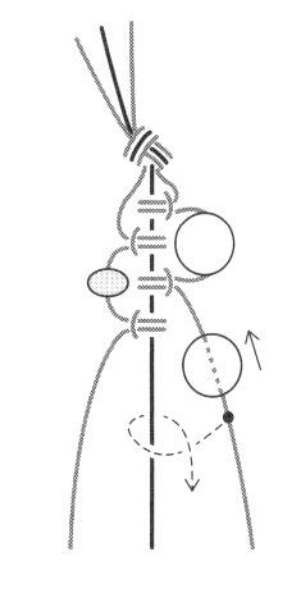

5. 然后交替编织步骤**3**、**4**的同时把串珠按照指定的种类、颗数分好放置。

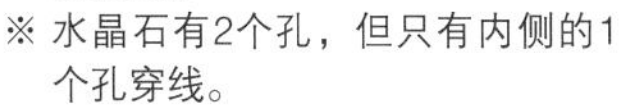

※ 水晶石有2个孔，但只有内侧的1个孔穿线。

②挂扣的安装方法

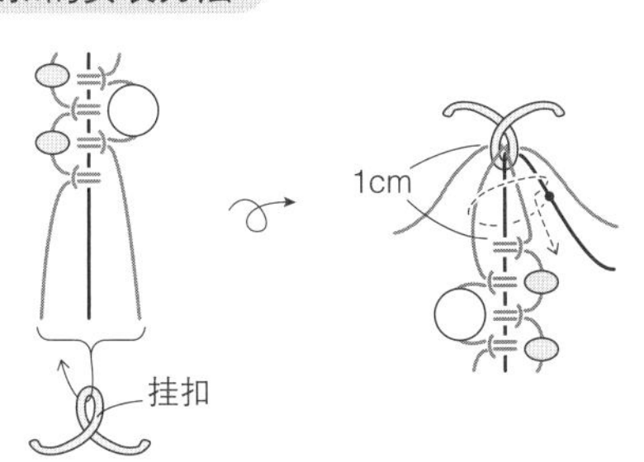

1. 将3根线从挂扣中穿过。
2. 把编织好的部分上、下调换，挂扣和线结中间留出1cm的距离。用中间的线（50cm长的线），如图所示编织死结。

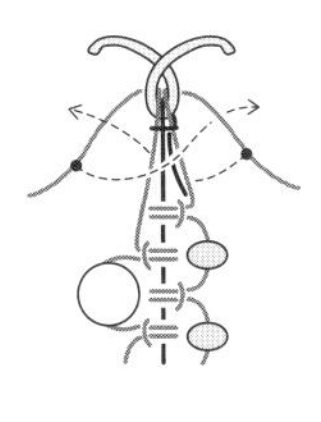

3. 以中间的4根线为芯线，用左、右的2根线编织3个左上平结。

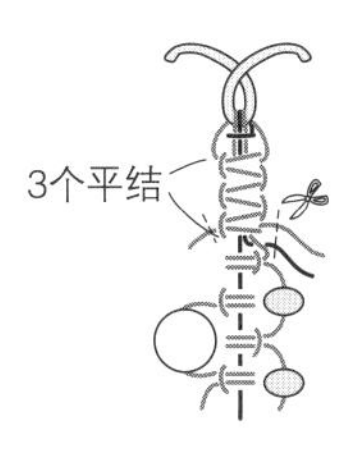

4. 从距结0.2cm处将线的端部剪断，然后烧熔固定。

图片
p.11 **29 项链**
30 手链
31 耳坠

●材料

29 项链
Marchen Rosetta Cord 银灰色(1589)120cm 2根
优质金属串珠3mm 金色(AC1427)33颗
淡水珍珠 彩色款式 S号 金色(AC722)14颗，**M号** 酒红色(AC728)10颗、金色(AC726)5颗、绿色(AC727)2颗、银色(AC725)2颗
连接扣 银色(S1026)1组

30 手链
Marchen Rosetta Cord 银灰色(1589)75cm 2根
优质金属串珠3mm 金色(AC1427)12颗
淡水珍珠 彩色款式 S号 银色(AC721)、绿色(AC723)、酒红色(AC724)各4颗
连接扣 银色(S1005)1组

31 耳坠
Marchen Rosetta Cord 银灰色(1589)30cm 2根
优质金属串珠3mm 金色(AC1427)12颗
淡水珍珠 彩色款式 S号 银色(AC721)、绿色(AC723)各4颗，酒红色(AC724)2颗
耳钩 银色(S1665)1对

【尺寸】**29**全长约36cm(包含金属部分)、**30**全长约19cm(包含金属部分)、**31**全长约5.5cm(包含金属部分)

29 项链

⑦安装上连接扣(安装方法参照p.35❻)。
9cm
9cm
⑥和步骤⑤相同。
⑤编织9cm左右结(p.37)。
③步骤①、②中的2根线从1颗M号珍珠b中穿过。
左右结起点
左右结起点
b
④和步骤③相同。
b
②在120cm长的线上交替穿上金属串珠和S号珍珠。
金属串珠
①在120cm长的线上交替穿上金属串珠和指定颜色的M号珍珠。
a
a
b
b
S号珍珠
金色
c
d
优质金属串珠
b
b
a
a
120cm长线的中间
b
b
c
d
b
a
b
120cm长线的中间

M号珍珠 a…金色 b…酒红色 c…绿色 d…银色

31 耳坠

③将2根线从耳钩中穿过，用2根线打单结(p.39)，然后剪断。用黏合剂将结粘贴固定。
②将线对折，编织3个左右结(p.37)。
1cm
左右结起点
金属串珠
c
c
①在1根30cm长的线上交替穿上金属串珠和S号珍珠。
b
b
a
线的中间

S号珍珠 a…酒红色 b…银色 c…绿色

30 手链

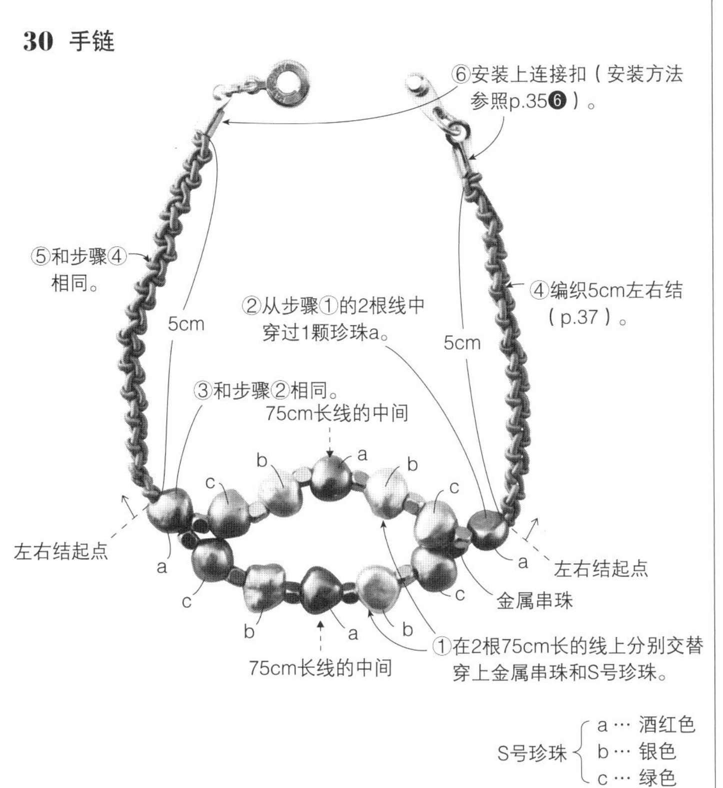

S号珍珠 a…酒红色 b…银色 c…绿色

图片 p.14

38、39、40 项链

●材料

38、39 通用

不锈钢绳 粗0.8mm
New金色（715）100cm 1根、70cm 2根
极小金属串珠 金色（AC1641）55颗
金属串珠多面3mm 金色（AC1650）10颗
连接扣 金色（G1027）1组

38 **宝石 夏威夷风格长款**
新玉色（AC237）10颗

39 **宝石 夏威夷风格长款**
绿松石色（AC238）10颗

40 **不锈钢绳 粗0.8mm**
New银色（716）100cm 1根、70cm 2根
宝石 夏威夷风格长款
玉色（AC235）、粉红色（AC236）各5颗
极小金属串珠 银色（AC1642）55颗
金属串珠多面3mm 银色（AC1651）10颗
连接扣 银色（S1026）1组

【尺寸】全长约49cm（包含金属部分）

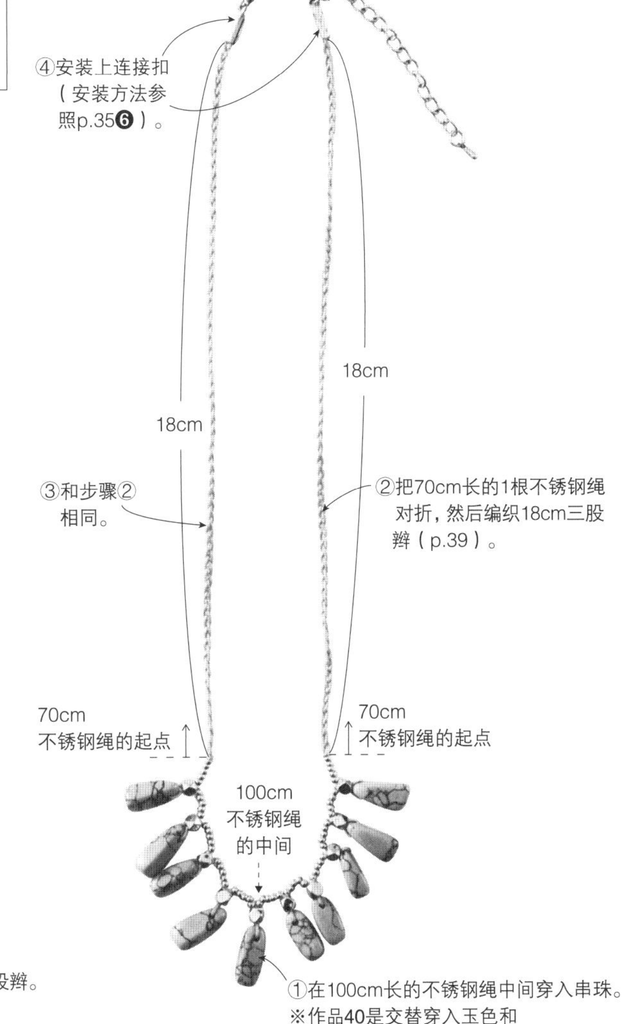

①串珠的穿法

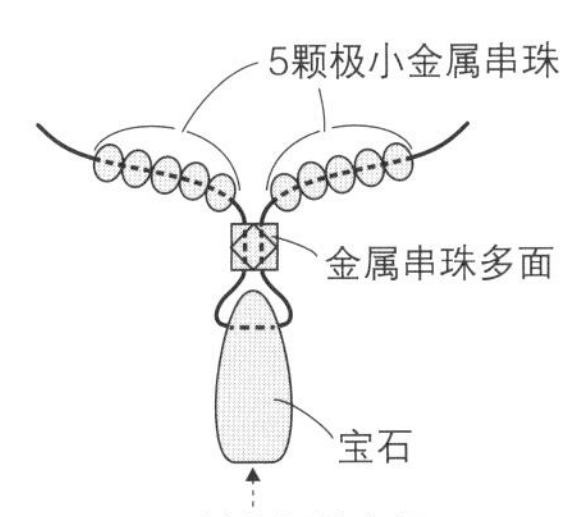

如图所示穿入串珠。
左右两侧分别穿入5颗极小金属串珠

②编织线的添加方法

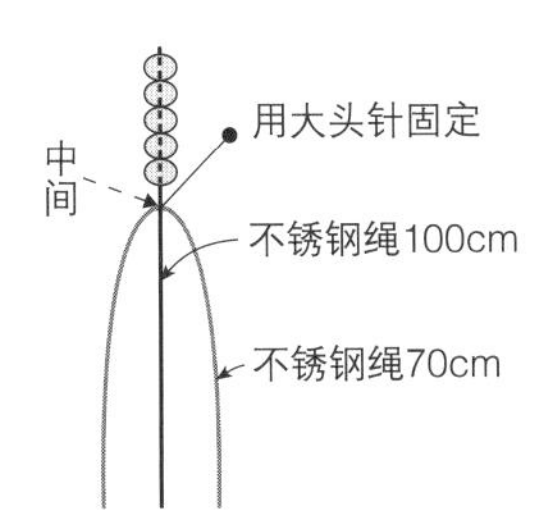

1. 在100cm长的不锈钢绳下面放上对折的70cm的线，用大头针固定。

2. 编织18cm三股辫。

图片
p.12

32、33 手链
34、35 耳坠 制作方法在p.56

●材料

32 手链
Micro Macrame Cord 绿色（1451）150cm 2根、200cm 2根
水晶石 水滴形10mm×14mm
透明色（K1234/1号）4颗、绿色（K1234/7号）1颗
水晶石 菱形5mm×10mm 绿色（K1241/7号）6颗

33 手链
不锈钢绳 粗0.8mm New（716）
150cm 2根、200cm 2根
水晶石 水滴形10mm×14mm 绿色（K1234/7号）5颗
水晶石 菱形5mm×10mm 透明色（K1241/1号）6颗

34 耳坠
Micro Macrame Cord 绿色（1451）80cm 8根
水晶石 水滴形8mm×13mm 透明色（K1244/1号）8颗
水晶石 菱形5mm×10mm 绿色（K1241/7号）4颗
耳钩 银色（K2537/S）1对

35 耳坠
不锈钢绳 粗0.8mm New银色（716）80cm 8根
水晶石 水滴形8mm×13mm 绿色（K1244/7号）8颗
水晶石 菱形5mm×10mm 透明色（K1241/1号）4颗
耳钩 银色（K2537/S）1对

【尺寸】32全长约23cm、33全长约23cm、34全长约6cm（包含金属部分）、35全长约6cm（包含金属部分）

32、33 手链

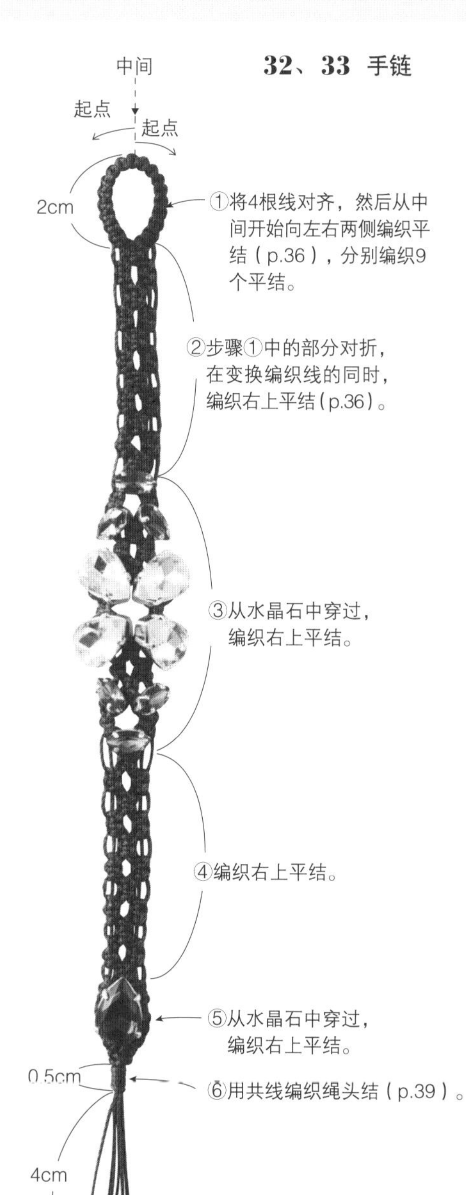

①起点处的编织方法

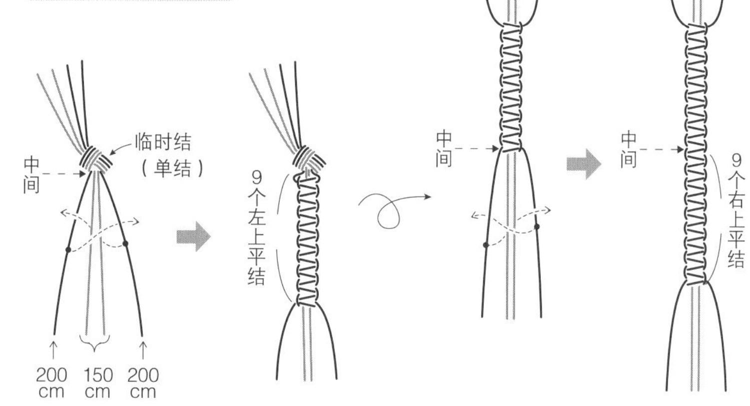

1. 将4根线如图所示对齐，打临时结。150cm长的2根芯线编织9个左上平结。

2. 把线结的上、下位置调换，解开临时结。编织9个右上平结。

②～④的编织方法、小配件的穿法

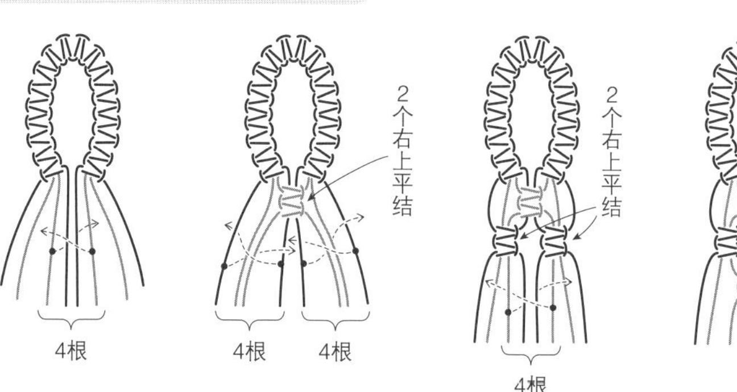

1. 把步骤①的部分对折，用内侧的4根线编织2个右上平结。

2. 把线向左右两侧平分成4根，分别编织2个右上平结。

3. 用内侧的4根线编织2个右上平结。

4. 然后，按照步骤**2**、**3**的方法重复编织4次。

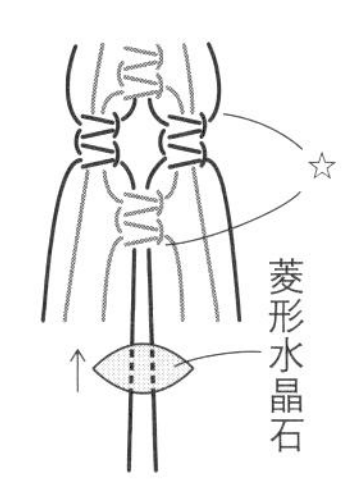

5. 菱形水晶石从内侧的2根线中穿过。

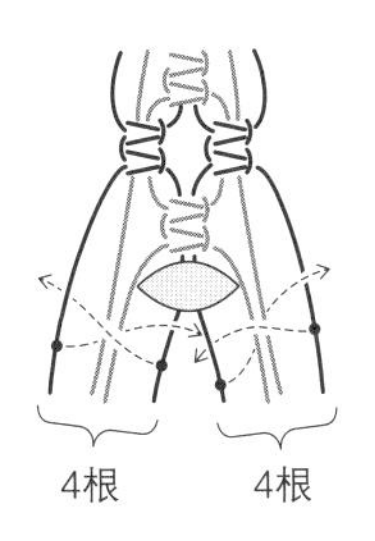

6. 把线向左右两侧平分成4根，分别编织2个右上平结。

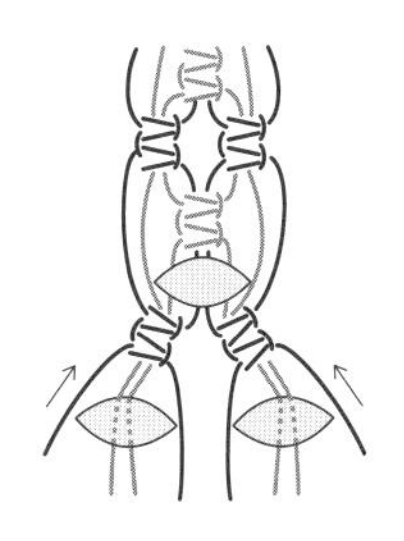

7. 从步骤**6**中作为芯线的2根线上分别穿入菱形水晶石。

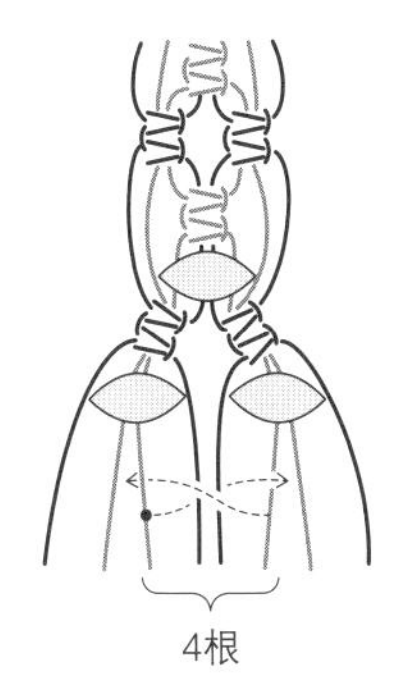

8. 用内侧的4根线，编织2个右上平结。

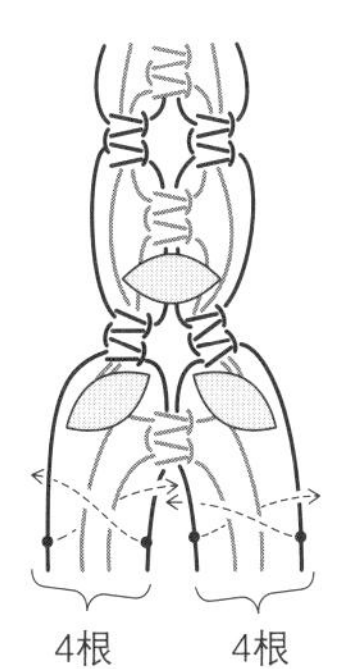

9. 然后，按照步骤**2**、**3**的方法重复编织1次。

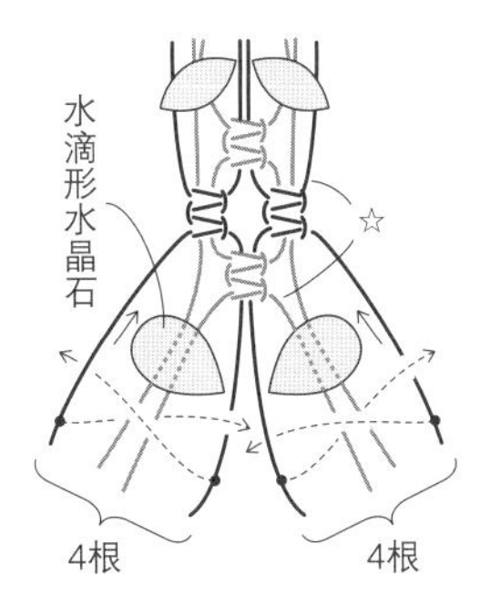

10. 从2根线中穿过水滴形水晶石。把线向左右两侧平分成4根，分别编织1个右上平结。

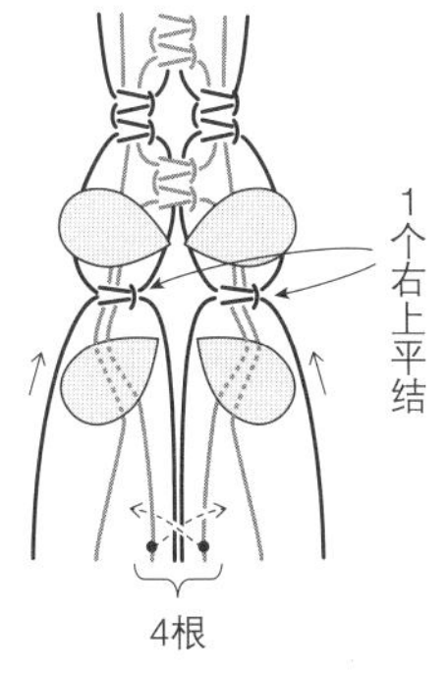

11. 水滴形水晶石从2根线中穿过。用内侧的4根线编织2个右上平结。

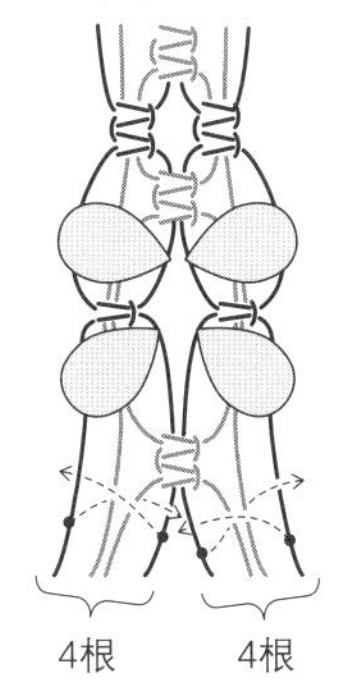

12. 然后，按照步骤**2**、**3**的方法重复编织1次。

13. 菱形水晶石从2根线中穿过。把线向左右两侧平分成4根，分别编织2个右上平结。

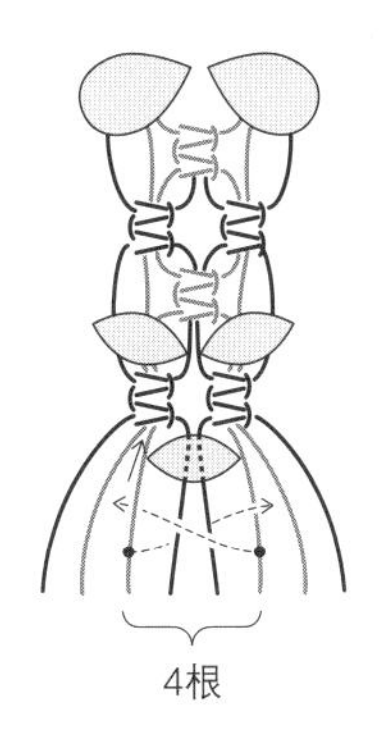

14. 从内侧的2根线中穿过菱形水晶石。用内侧的4根线编织2个右上平结。

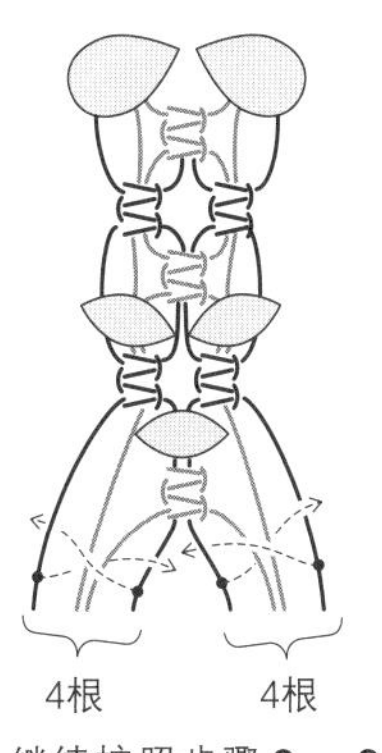

15. 继续按照步骤**2**、**3**的方法重复编织5次。

⑤编织方法、水晶石的穿法

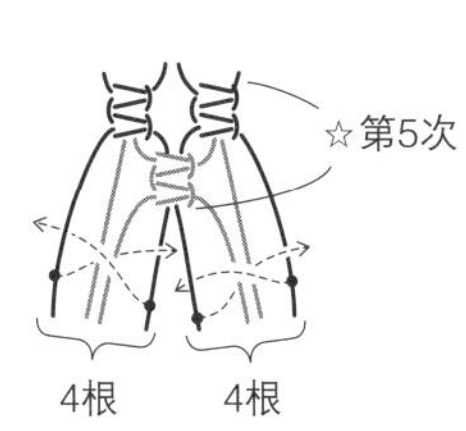

1. 把线向左右两侧平分成4根，分别编织2个右上平结。

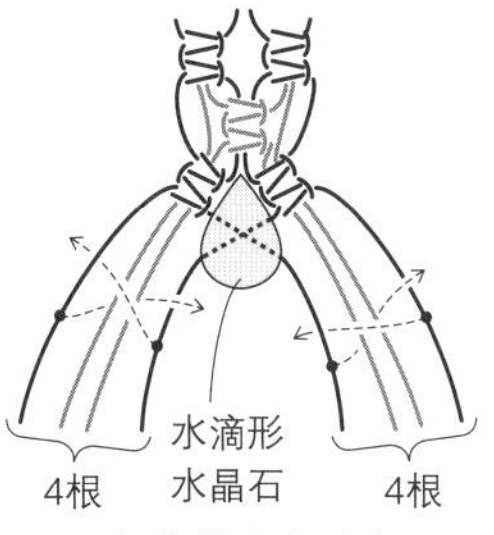

2. 2根线从水滴形水晶石中交叉穿过。把线向左右两侧各分4根，分别编织4个右上平结。

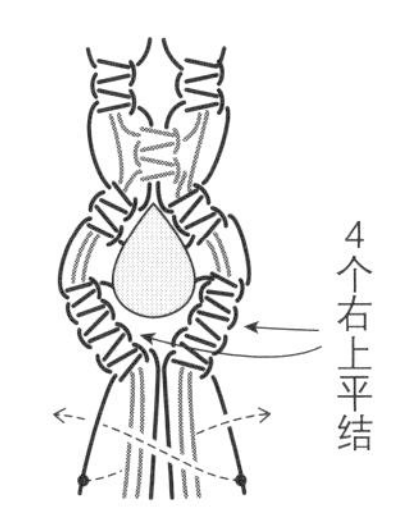

3. 以内侧的6根线为芯线，编织1个右上平结。

⑥用共线编织绳头结

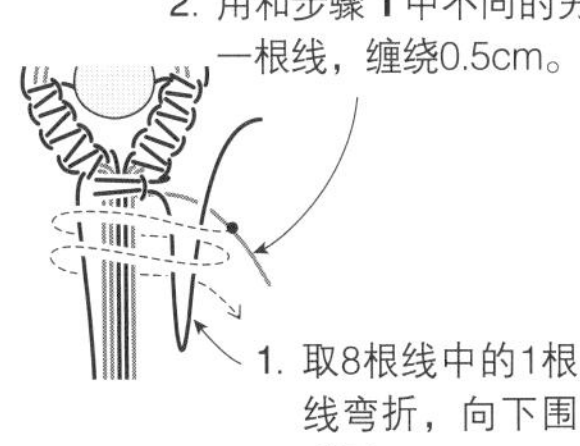

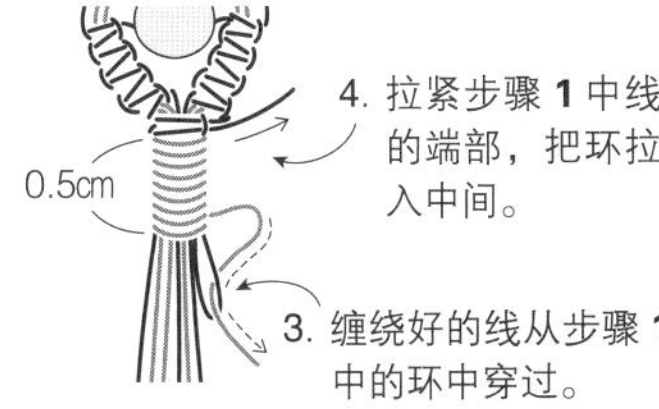
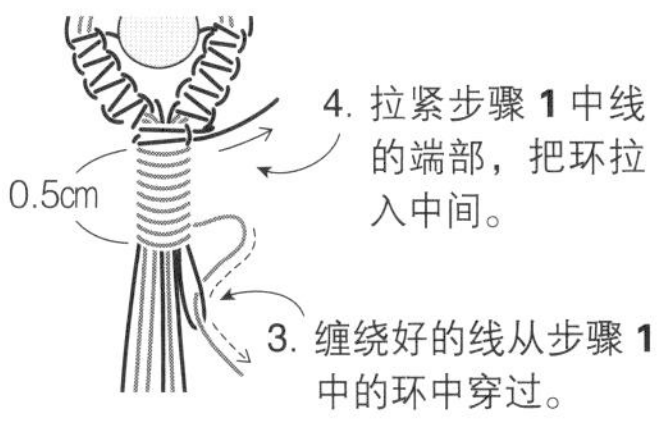

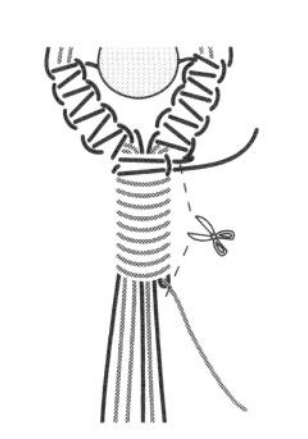

5. 沿着结的端部剪断编织线。

34、35 耳坠

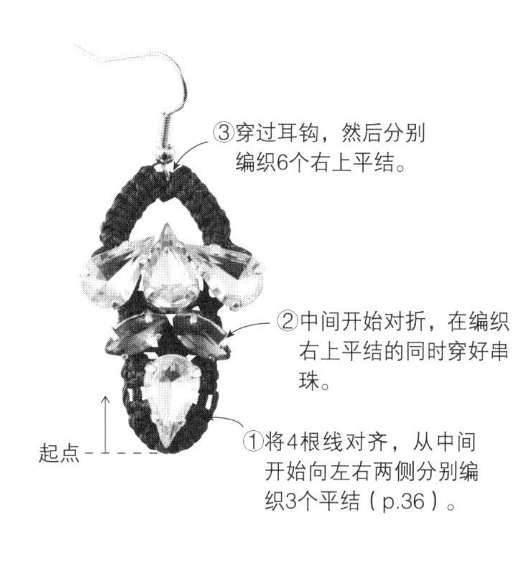

①起点处的编织方法

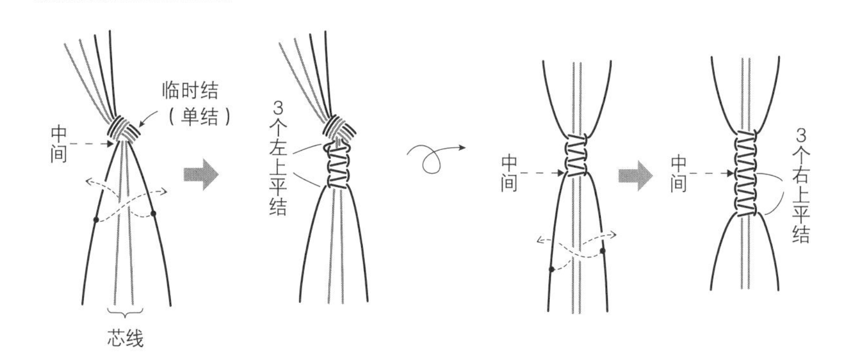

1. 将4根线的端部对齐，在中间打临时结。以内侧的2根线为芯线，编织3个左上平结。

2. 上、下位置调换，解开临时结。编织3个右上平结。

②编织方法、水晶石的穿法

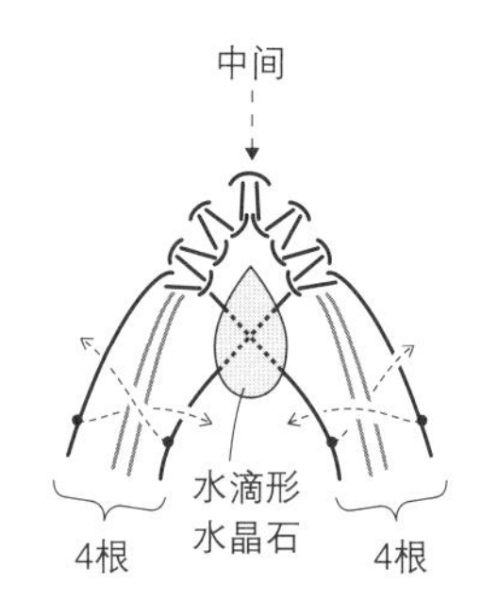

1. 弯折步骤①完成部分，水滴形水晶石从内侧的2根线中交叉穿过。把线向左右两侧平分成4根，分别编织2个右上平结。

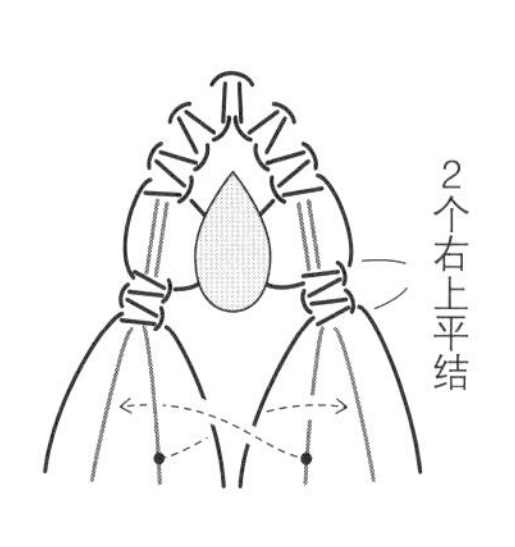

2. 内侧的4根线编织2个右上平结。

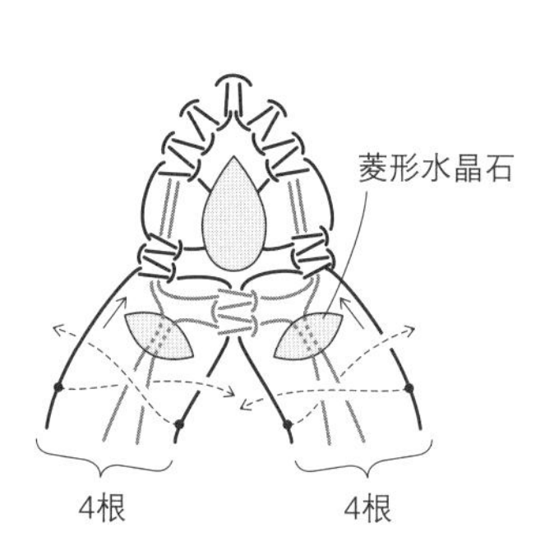

3. 线向左右两侧平分成4根，菱形水晶石从内侧的2根线中穿过。左右两侧分别编织1个右上平结。

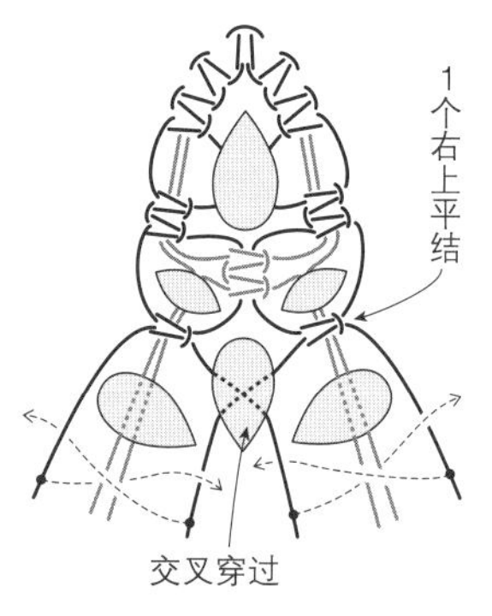

4. 菱形水晶石从左右两侧的芯线穿过。中间2根线从菱形水晶石中交叉穿过。把线向左右两侧分成4根，然后分别编织1个右上平结。

③耳钩的穿法、编织方法

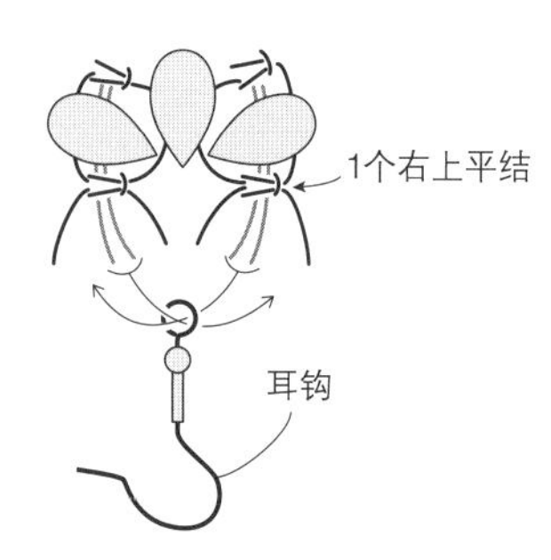

1. 左右两侧各2根芯线从耳钩的孔中穿过。

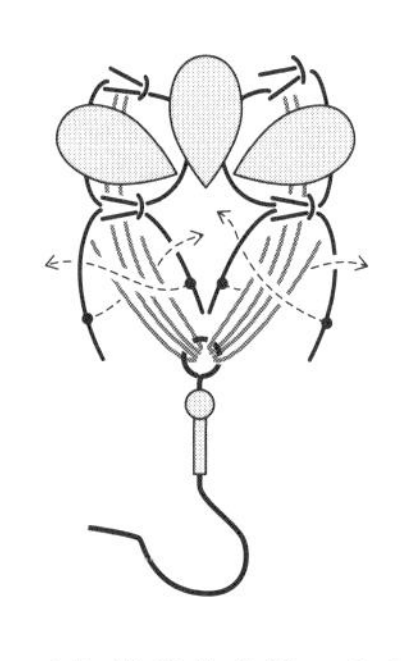

2. 以4根线为芯线，左右两侧分别编织6个右上平结。

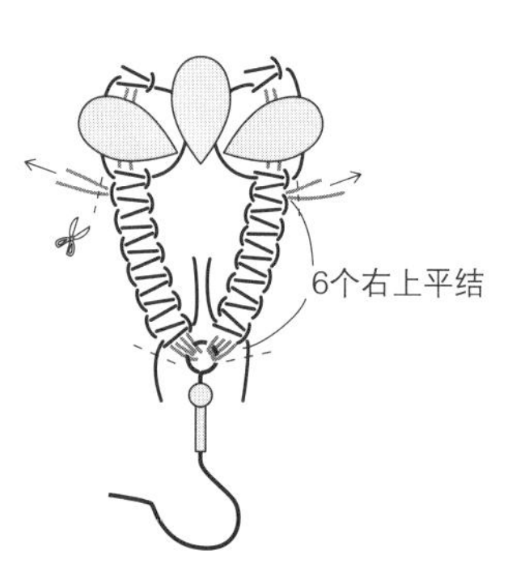

3. 拉住芯线，拉向两侧的结处，在距离编织线的结约0.2cm处剪断，然后烧熔固定。

图片
p.20

59、60 项链
61、62 耳坠

●材料

59、60 项链

Micro Macrame Cord

59 白色（1441）、**60**米色（1455）各100cm 5根
仿古皮绳2.0mm　深褐色（504）80cm 1根
木质环直径30mm　褐色（MA2232）各1个
圆形宝石　直径8mm
59 天青石（AC399）、**60** 珊瑚珠（AC394）各2颗
圆形宝石　直径6mm
59 天青石（AC389）、**60** 珊瑚珠（AC384）各2颗
宝石（小）
59 天青石（AC809）、**60** 珊瑚珠（AC804）各5颗
裸石珠（玻璃材质）
59 珍珠白色（AC1391）、**60** 灰褐色（AC1396）各75颗
59、60通用　银质串珠（AC142）6颗

【尺寸】吊坠大小约12cm

61、62 耳坠

Micro Macrame Cord

61 白色（1441）、**62** 米色（1455）各50cm 6根
圆形宝石　直径8mm
61 天青石（AC399）、**62** 珊瑚珠（AC394）各2颗
圆形宝石　直径6mm
61 天青石（AC389）、**62** 珊瑚珠（AC384）各2颗
宝石（小）
61 天青石（AC809）、**62** 珊瑚珠（AC804）各6颗
61、62通用
银质串珠（AC142）6颗、镂空银质串珠（AC773）2颗
耳钩　银色（AC1665）1对

【尺寸】全长约8cm（含金属配件）

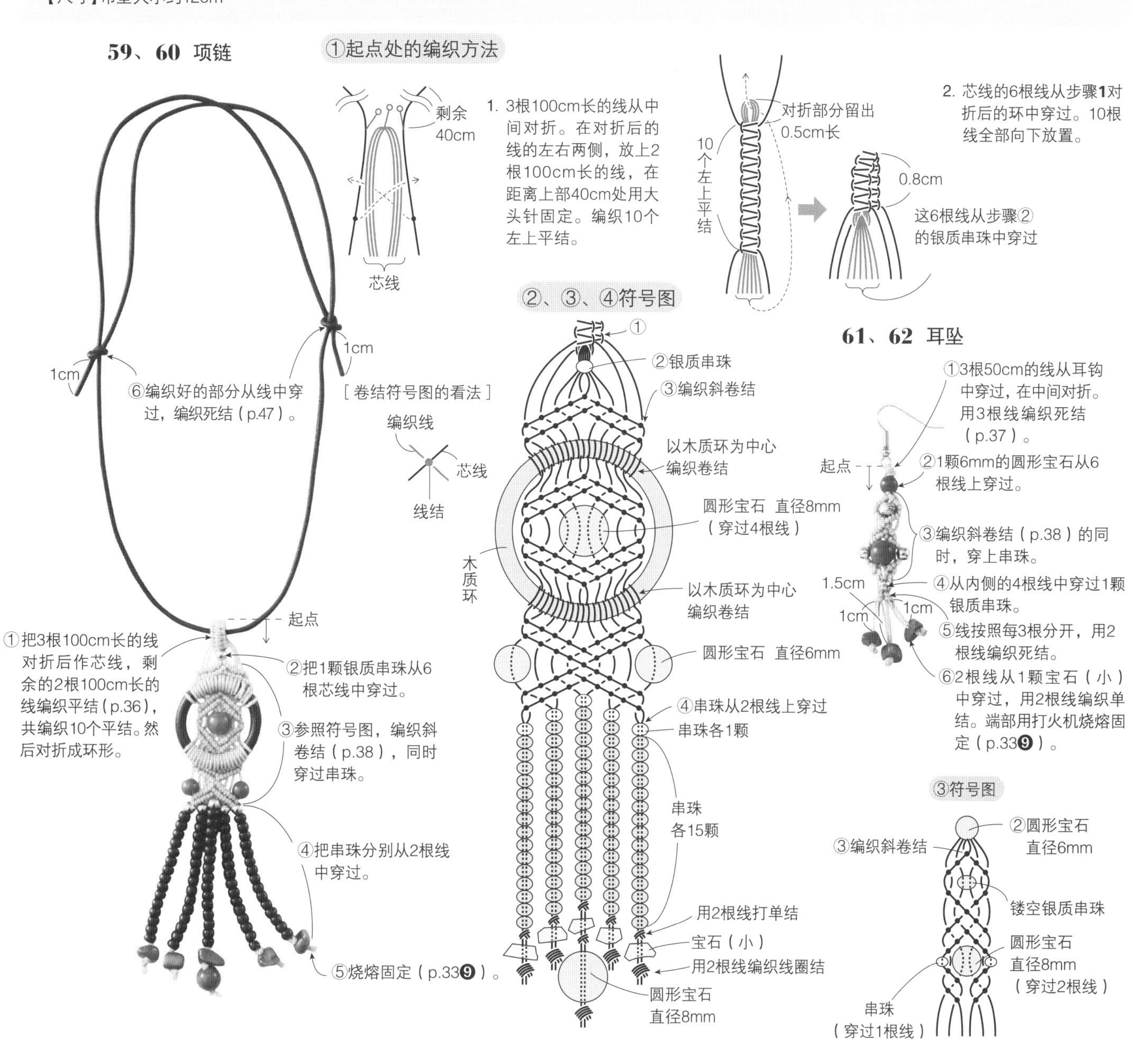

图片
p.15

41、42 项链
43、44 耳坠

●材料

41、42 项链

41、42通用 **亚麻线（细）** 带金线 漂白色（No.2）220cm 2根、130cm 1根

天然石10mm

41 青玉色（H1952/10）、**42** 粉红色（H1957/10）各1颗

天然石6mm

41 青玉色（H1952/6）、**42** 粉红色（H1957/6）各6颗

手工艺品用串珠7mm

41 （H2680 MAC131R）、**42**（H5904 MAC155R）各1颗

【尺寸】**41、42** 长度自由

43、44 耳坠

43、44通用 **亚麻线（细）** 带金线 漂白色（No.2）45cm 2根

天然石10mm

43 青玉色（H1952/10）、

44 粉红色（H1957/10）各2颗

耳钩 银色（K2539/S）1对

【尺寸】**43、44** 全长约6cm（含金属部分）

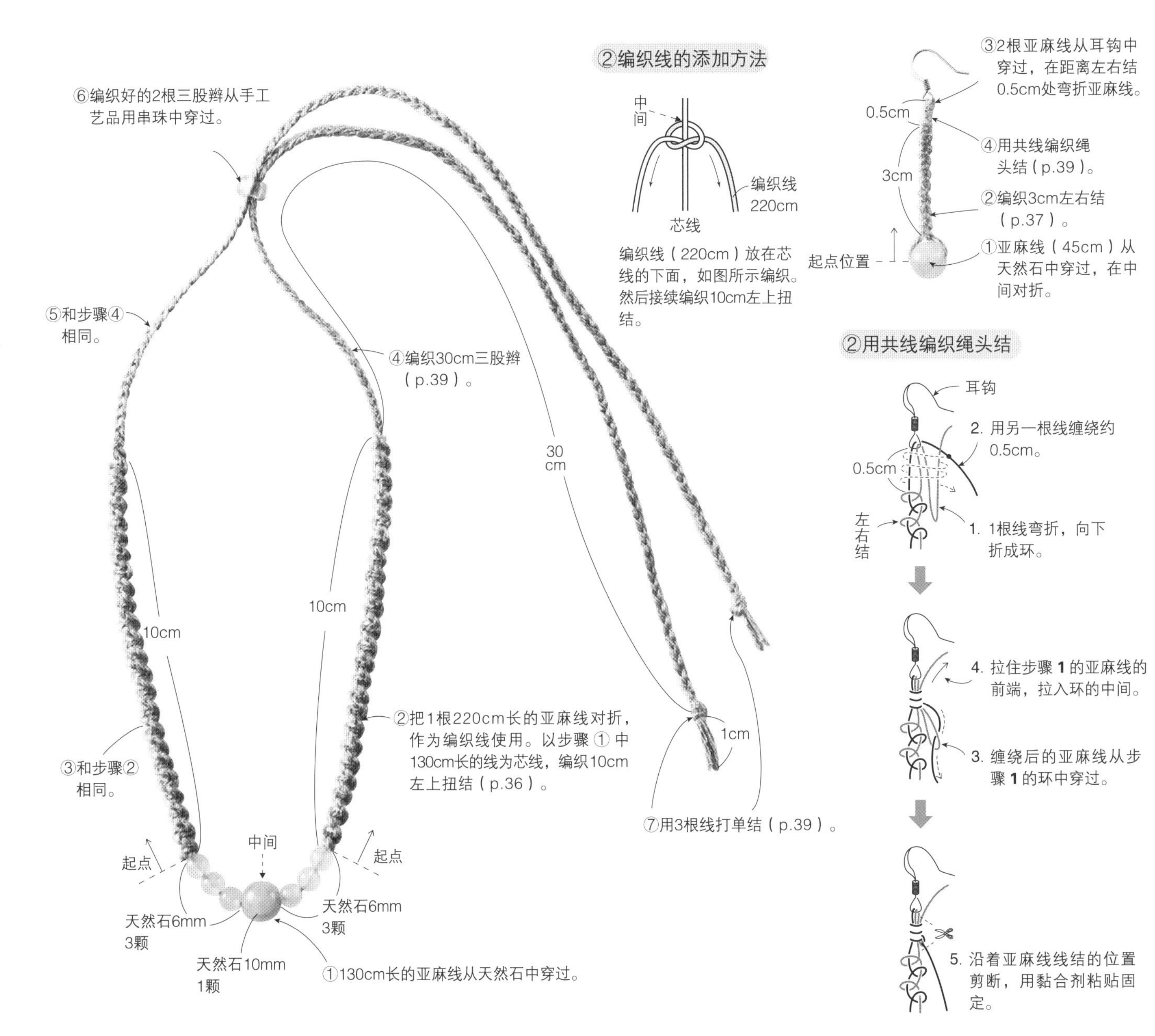

图片
p. 22

66 项链
67、68、69 手链

●材料

66 项链
鹿皮绳 粗1mm　焦糖色（503）190cm　1根、50cm　1根
贝壳片　自然色（AC023）16颗
贝壳扣　自然色（AC020）2颗
自然风的配件　骨制配件（AC1288）1个
白镴　（AC1302）1个
铆钉固定扣　银色（S1005）1组

【尺寸】全长约42cm（包含金属部分）

67、68、69 手链
鹿皮绳 粗1mm
67 焦糖色（503）、**68** 自然色（501）、
69 蓝色（512）各145cm　1根、各25cm　1根
贝壳扣
67 自然色（AC020）、**68** 棕色（AC021）、
69 银色（AC022）各2颗
67、68、69通用
贝壳片　自然色　（AC023）13颗
白镴　（AC1302）1个
铆钉固定扣　银色（S1005）1组

【尺寸】全长约19cm（包含金属部分）

66 项链

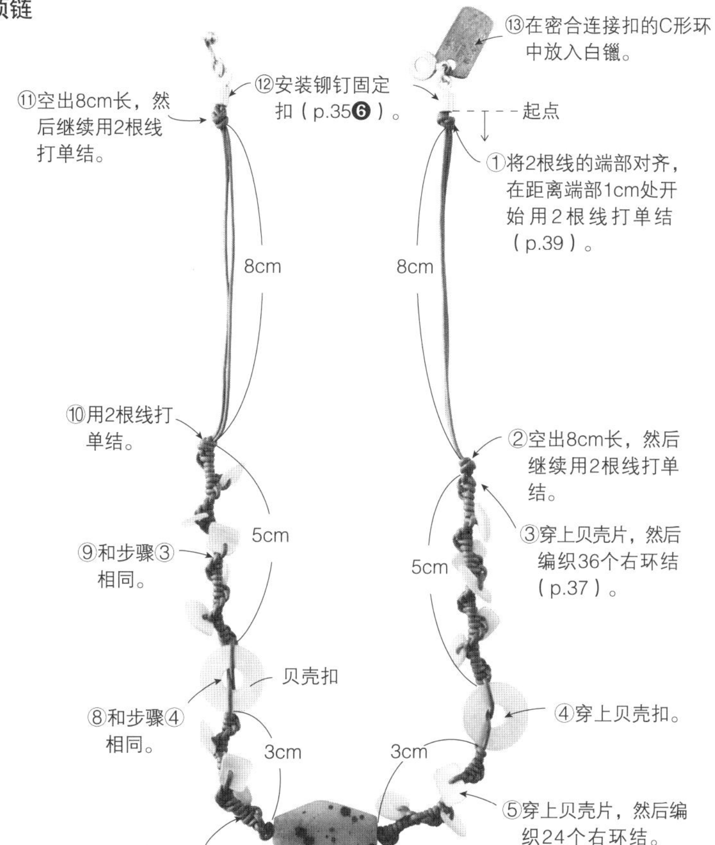

67、68、69 手链

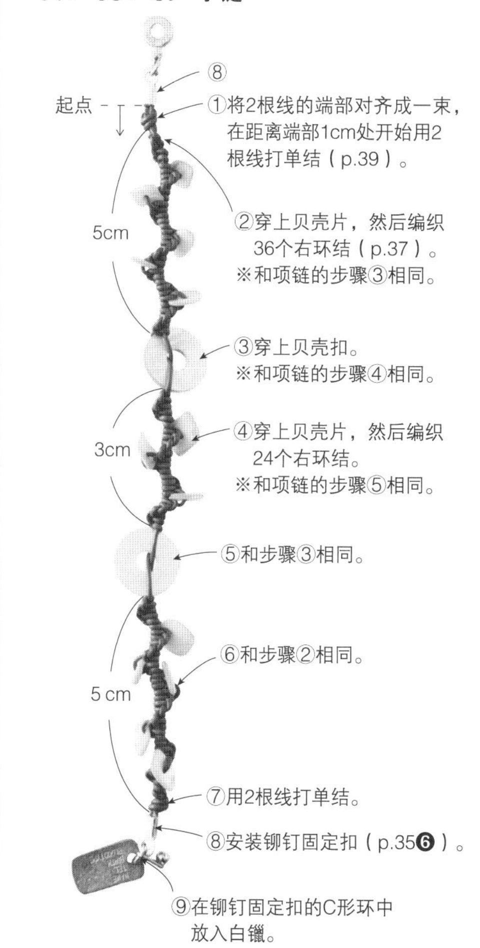

③、⑤贝壳片的穿法

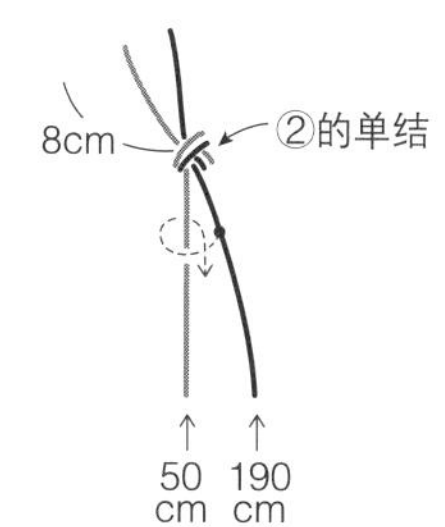

1. 以50cm长的线为芯线编织6个右环结。

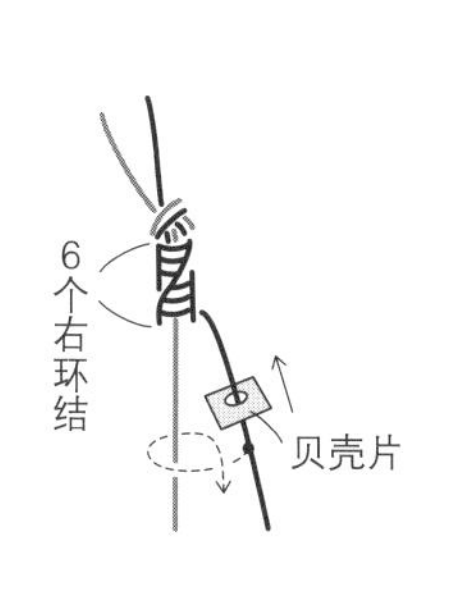

2. 编织线从1片贝壳片中穿过，然后继续编织6个右环结。

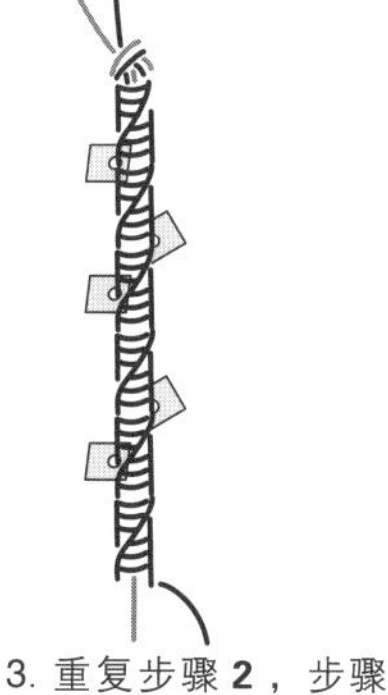

3. 重复步骤**2**，步骤③是编织36个右环结，步骤⑤是编织24个右环结。

④贝壳扣的穿法

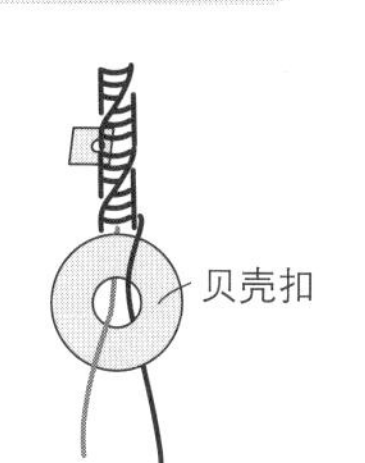

芯线和编织线分别从贝壳扣孔眼的上下穿过。

②环结起点的编织方法

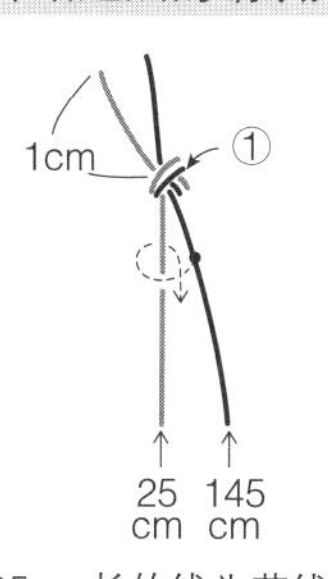

以25cm长的线为芯线然后编织右环结。

图片
p.16

45 项链

●材料

45 项链

不锈钢绳 粗0.8mm New金色(715)100cm 2根、50cm 2根
圆形宝石直径6mm 紫水晶(AC386)6颗
淡水珍珠S号 白色(AC704)6颗
淡水珍珠 白色(AC731)2颗
优质金属串珠2mm 金色(AC1425)38颗
吊坠 金刚石(AC015)1颗
金属配件 三叶草 金色(AC1482)1组
铆钉固定扣 金色(G1004)1组
T字针 金色2根
圆环 金色1个

【尺寸】全长约40cm(包含金属部分)

46、47、48 戒指

46、47、48 戒指

不锈钢绳 粗0.8mm
46 New金色(715),**47** 深褐色(717),
48 New银色(716)各70cm 1根、各40cm 1根、各25cm 1根
淡水珍珠
46 白色(AC731),**47、48** 黑色(AC732)各2颗
优质金属串珠 金色(AC1425)2颗
金属配件 三叶草 金色(AC1482)1组
T字针 金色2根
圆环 金色1个

【尺寸】长度自由 ※可以根据结的数量调整。

45 项链

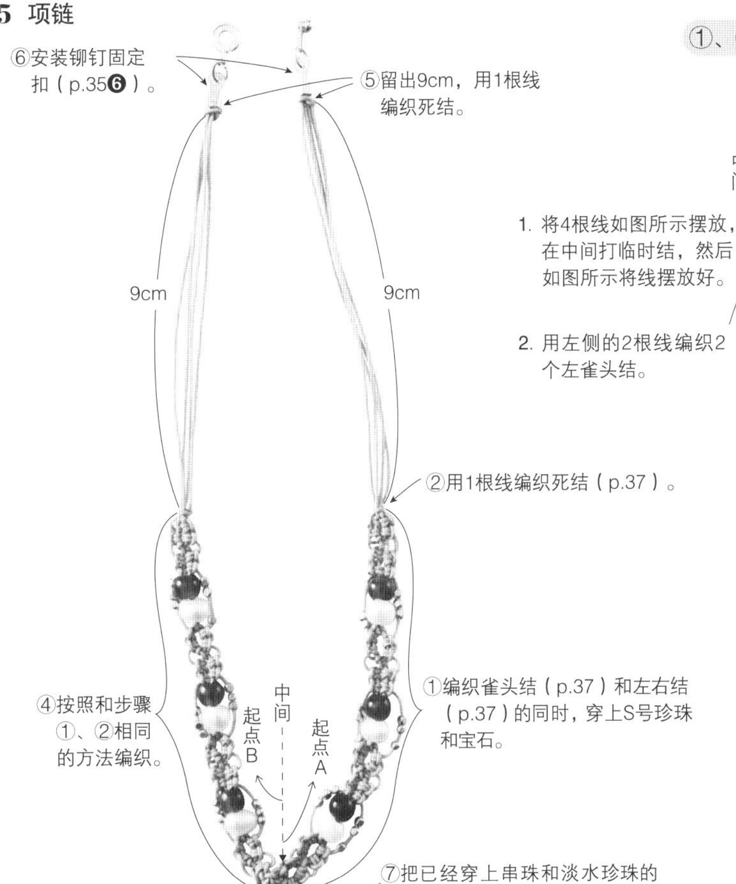

⑦串珠的安装方法

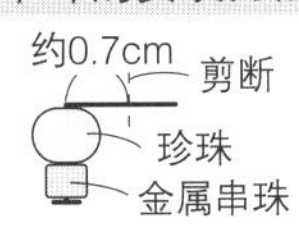

1. 按照金属串珠、珍珠的顺序穿到T字针上,然后用尖嘴钳在靠近珍珠的位置,将T字针夹成直角。T字针的前部留出约0.7cm,最后用钳子剪断。

2. 用圆嘴钳将T字针的前部回弯。按照相同方法再制作1个。

3. 将步骤**2**中弯折呈圆形的T字针和另一个连接到一起。

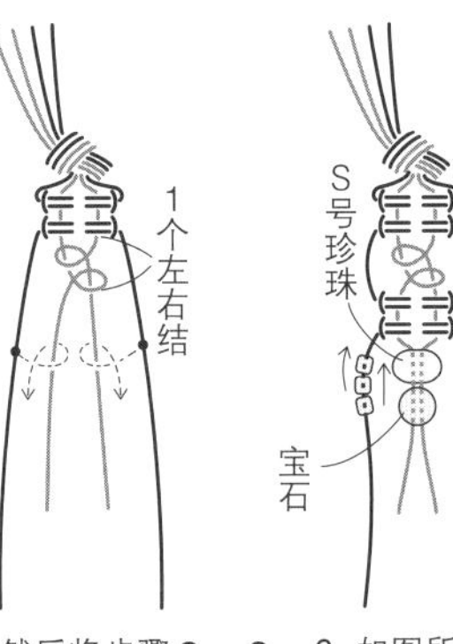

4. 然后将步骤**3**完成的部分和小配件连接到一起。

①、②起点处的编织方法、组合方法

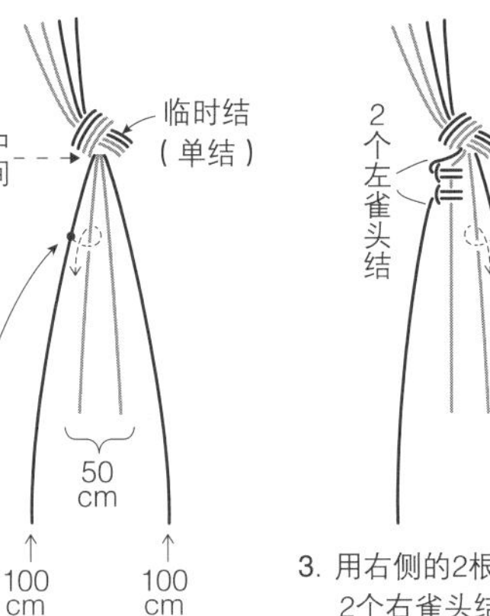

1. 将4根线如图所示摆放,在中间打临时结,然后如图所示将线摆放好。
2. 用左侧的2根线编织2个左雀头结。
3. 用右侧的2根线编织2个右雀头结。

4. 用内侧的2根线编织1个左右结。

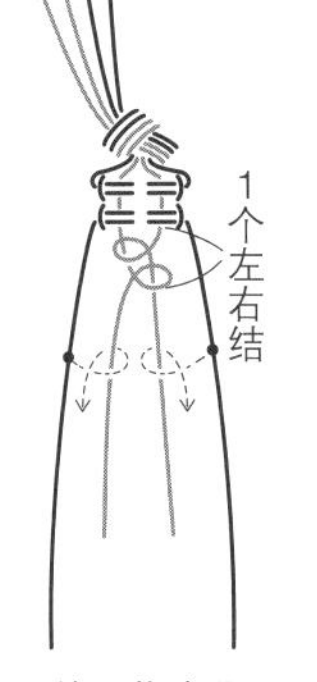

5. 然后将步骤**2**、**3**重复编织1次。

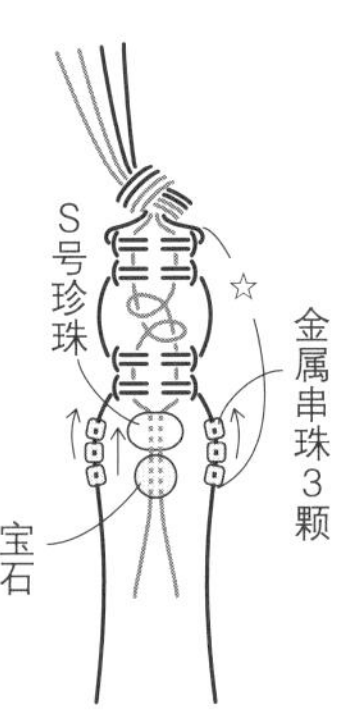

6. 如图所示,串珠从4根线中穿过。

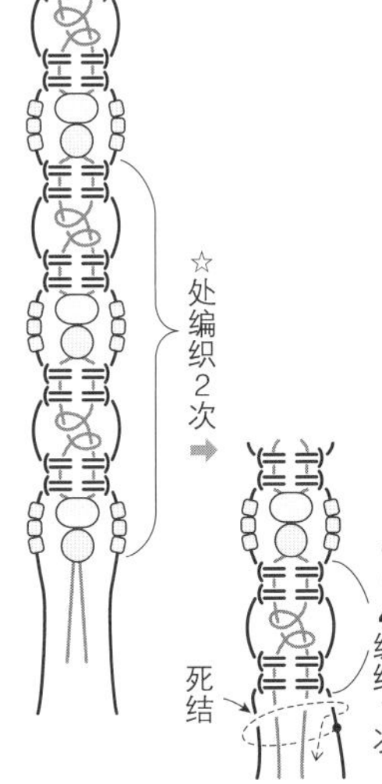

7. 然后将步骤**2**~**6**(☆)再编织2次。接着,将步骤**2**~**5**再编织1次。用右侧的1根线编织死结。

46、47、48 戒指

起点

①把70cm和40cm长的线对折，然后用1根线编织死结（p.37）。

②雀头结（p.37）和左右结（p.37）交替进行。

③用1根线编织死结。

④端部围成环形，用25cm长的线编织绳头结（p.39），把多余的线全部剪掉。

⑤把已经穿上串珠和淡水珍珠的T字针和三叶草金属配件结合到一起。

※参照p.60[项链步骤⑦]。

⑥用圆环把步骤⑤完成的部分安装到编织线的中间的下侧。

①~③起点处的编织方法、组合方法

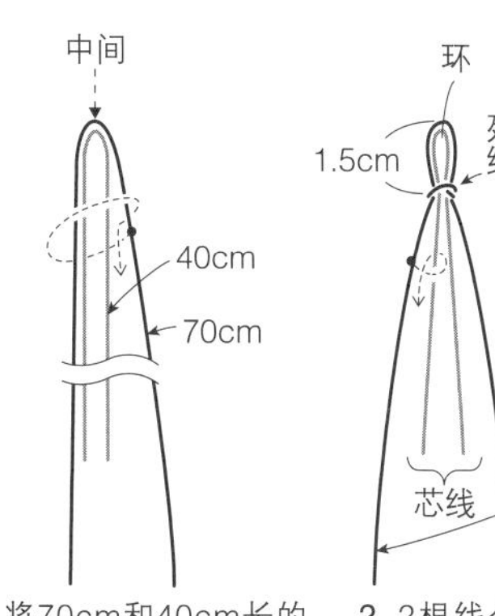

1. 将70cm和40cm长的线如图所示摆放，然后对折。在距离上部1.5cm处，用右侧的1根线编织死结。

2. 2根线分别放到左右两侧，然后左侧的2根线编织2个左雀头结。

3. 右侧的2根线编织2个右雀头结。

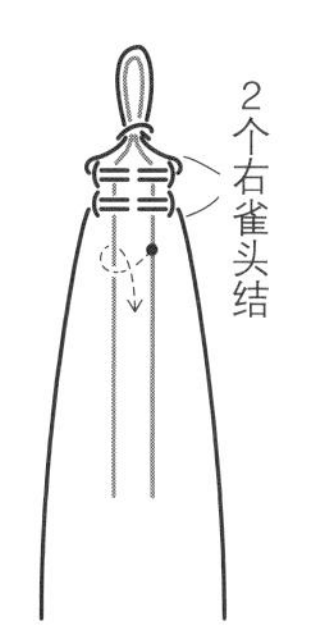

4. 用内侧的2根线编织1个左右结。

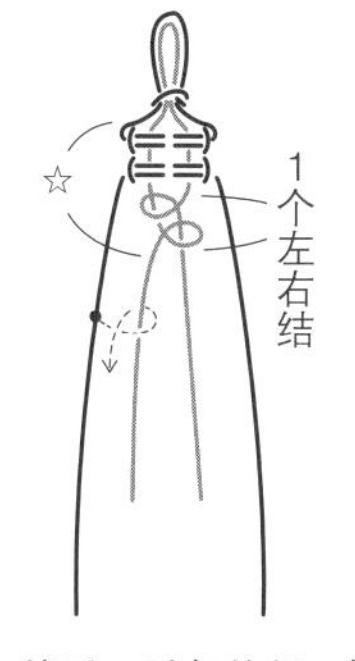

5. 然后，重复编织5次步骤**2**~**4**（☆）。

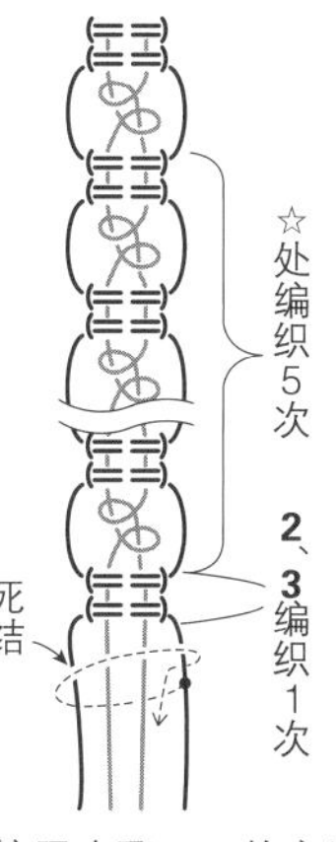

6. 按照步骤**2**、**3**的方法编织1个雀头结。用右侧的1根线编织死结。

④组合方法

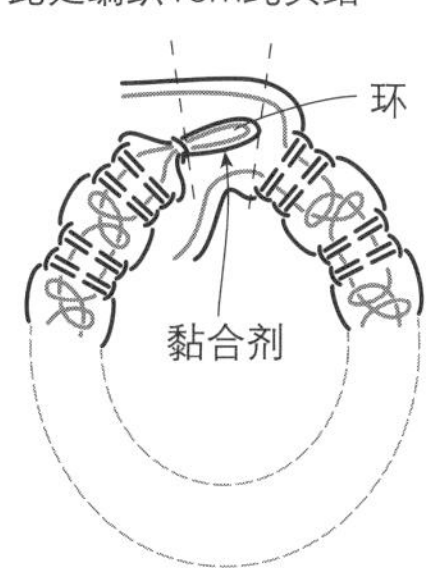

※编织绳头结之前，先将编织好的部分绕在手指上确认大小，然后通过增减结线来调节大小。

开始编织的环形部分和编织终点连成环，稍微涂上一点黏合剂。用25cm长的线缠绕，然后编织1cm绳头结。绳头结的端部多出来的线头要全部剪掉。

图片
p.7

13、14 手链

●材料

不锈钢绳 粗0.8mm
13 黑色（720）、
14 珍珠白色（719）各30cm 3根，各120cm 2根
多面金属串珠2mm
13 金色（AC1648）、**14** 银色（AC1649）各30颗
连接扣
13 金色（G1027）、**14** 银色（S1026）各1组

【尺寸】全长约19cm（包含金属部分）

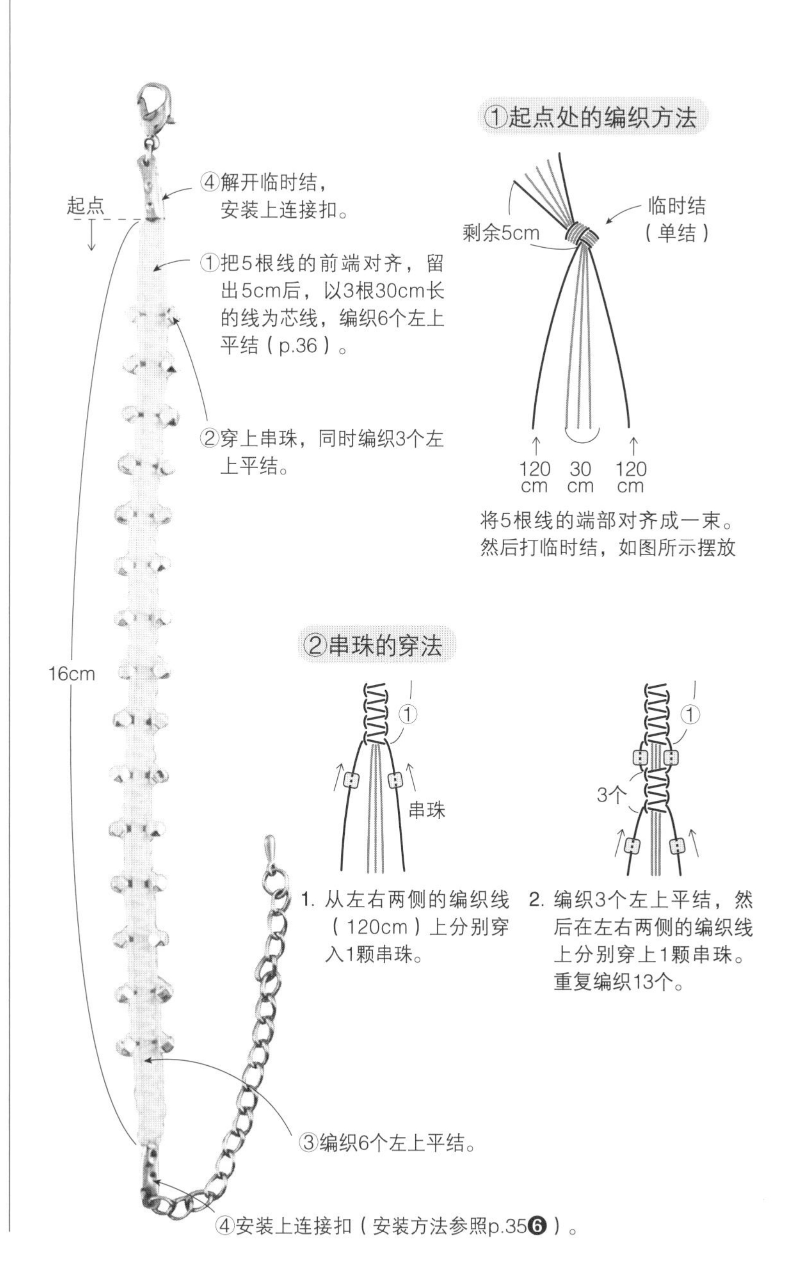

图片
p.19　**56、57、58　脚环**

●材料

亚麻线（细）
56 蓝色（No.3），**57** 红色（No.14）
58 米白色（No.2）各150cm 2根，各400cm 1根

塑料串珠（各色）10mm
56 红色（K4713）、**57** 黄色（K4713）、**58** 绿色（K4713）各1颗
塑料串珠（各色）8mm
56 红色（K4712）、**57** 黄色（K4712）、**58** 绿色（K4712）各1颗

【尺寸】全长约60cm

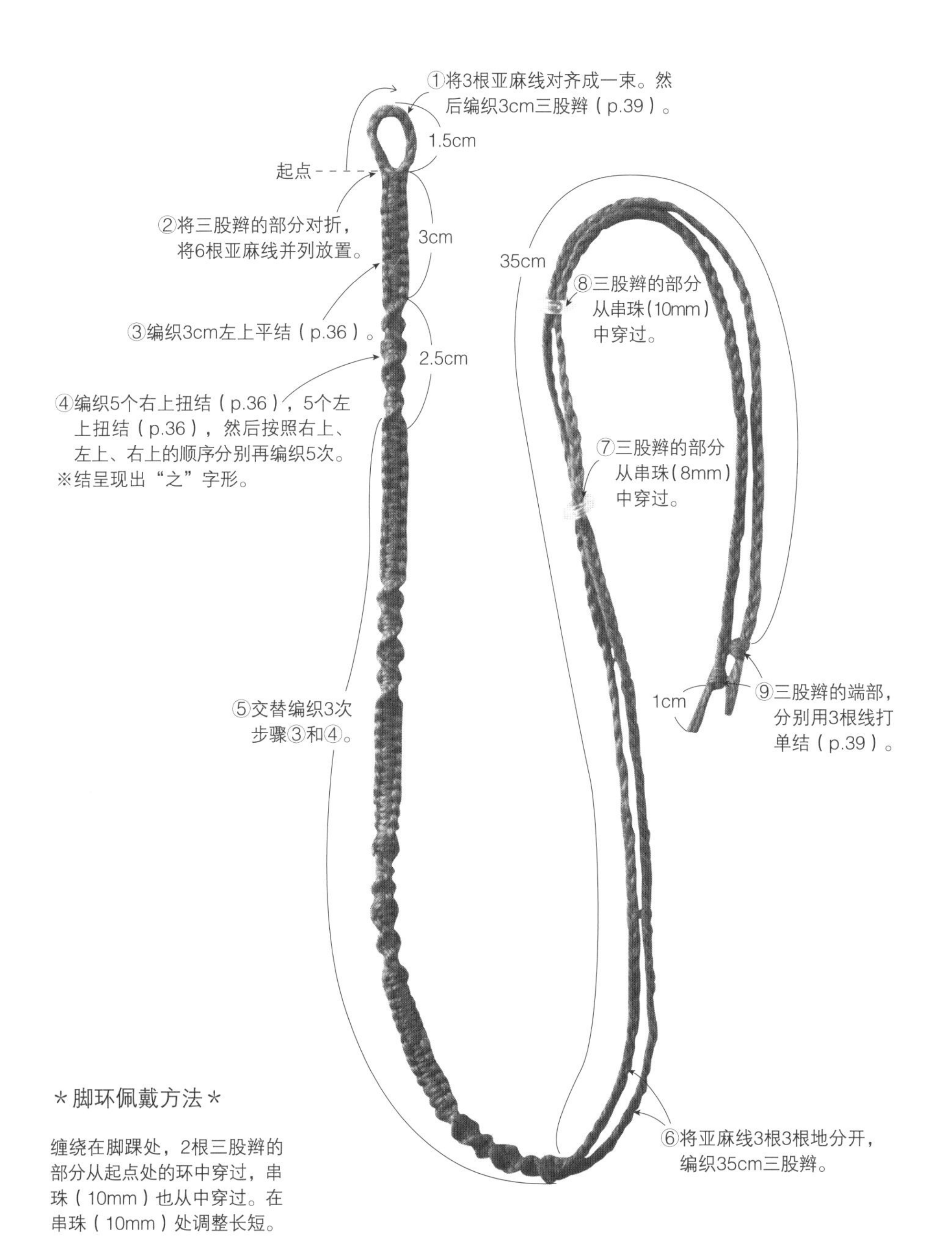

＊脚环佩戴方法＊

缠绕在脚踝处，2根三股辫的部分从起点处的环中穿过，串珠（10mm）也从中穿过。在串珠（10mm）处调整长短。

①起点处的编织方法

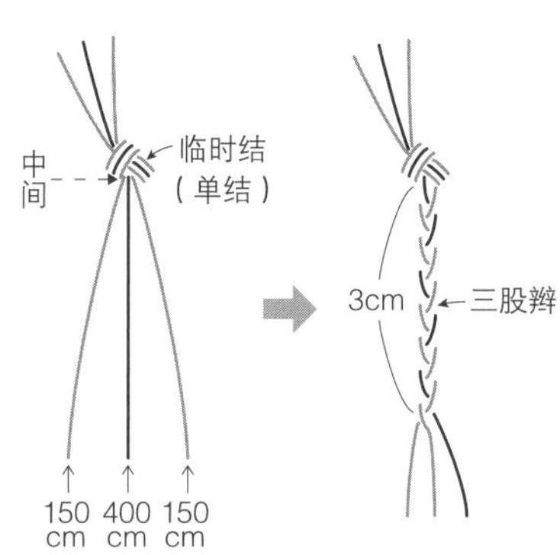

将3根亚麻线对齐成一束。在中间打临时结，如图所示编织3cm三股辫。

②对折的方法

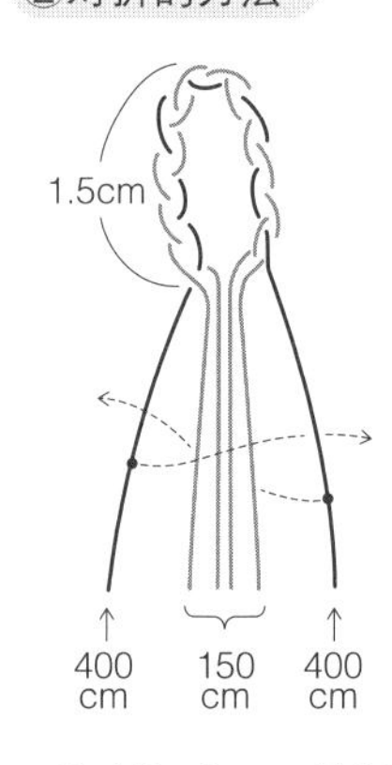

解开临时结，把三股辫的部分对折。以长的亚麻线（400cm）为编织线，编织左上平结。

图片
p.21 **63、64、65 手链**

●材料

Himalayan Material尼泊尔亚麻线
63 草绿色、**64** 粉红色、**65** 黑色各180cm 2根
1mm蜡光线
63 橄榄绿色、**64** 粉红色、**65** 黑色各180cm 1根

各色串珠3mm
63（3079号）、**64**（3071号）、**65**（3072号）各80颗
塑料串珠（各色）8mm
63 橄榄绿色（K4712）、**64** 红色（K4712）、**65** 蓝色（K4712）各1颗

【尺寸】全长约120cm

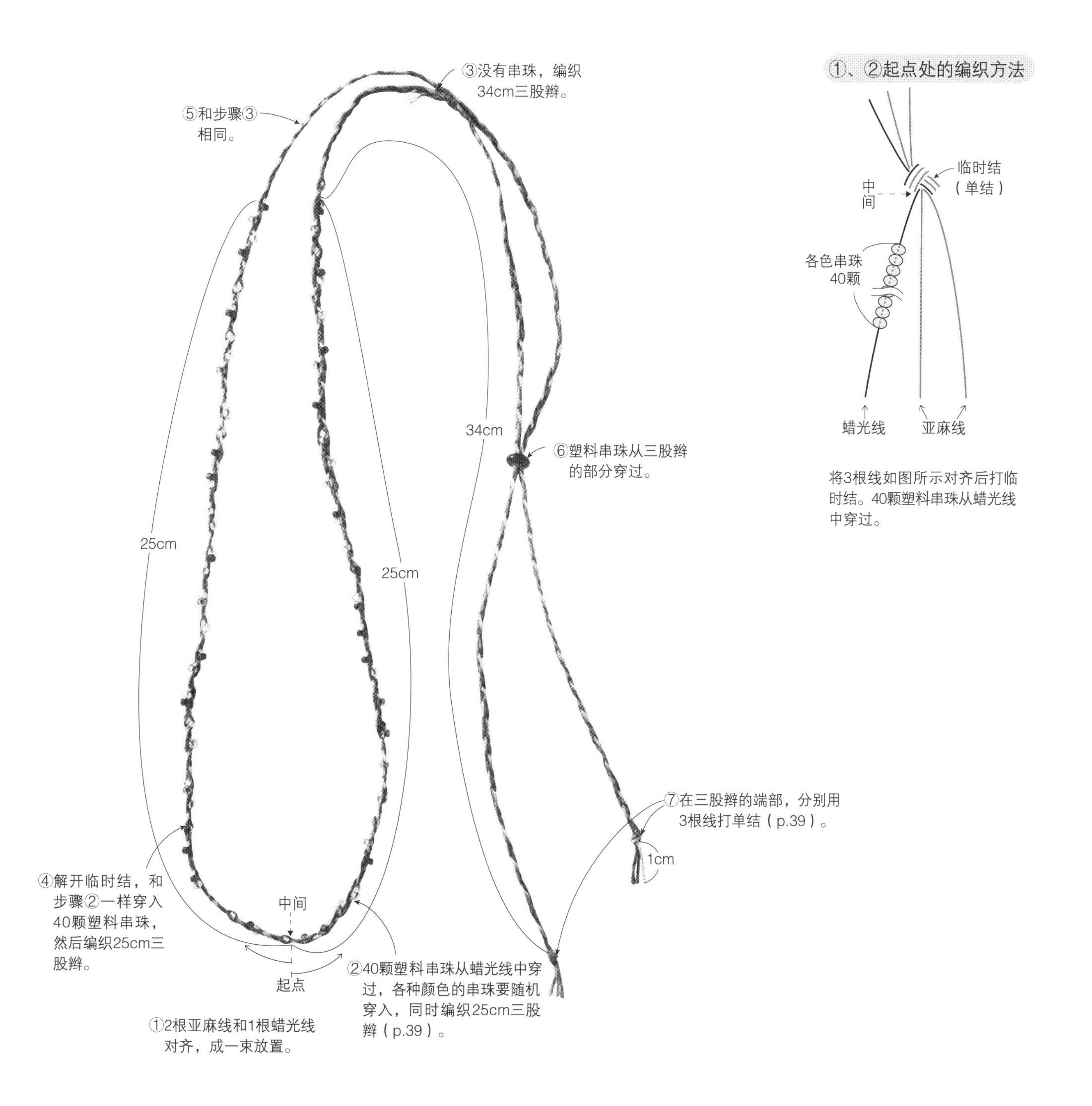

将3根线如图所示对齐后打临时结。40颗塑料串珠从蜡光线中穿过。

图片
p.13 **36** 颈链

●材料

Micro Macrame Cord
浅灰色（1456）、深灰色（1462）各160cm 4根
圆形水晶石 直径8mm
紫水晶（AC396）1颗
圆形水晶石 直径6mm
粉水晶（AC284）2颗
金属配件 连接扣
金色（AC1662）1组

【尺寸】全长约40cm（包含金属部分）

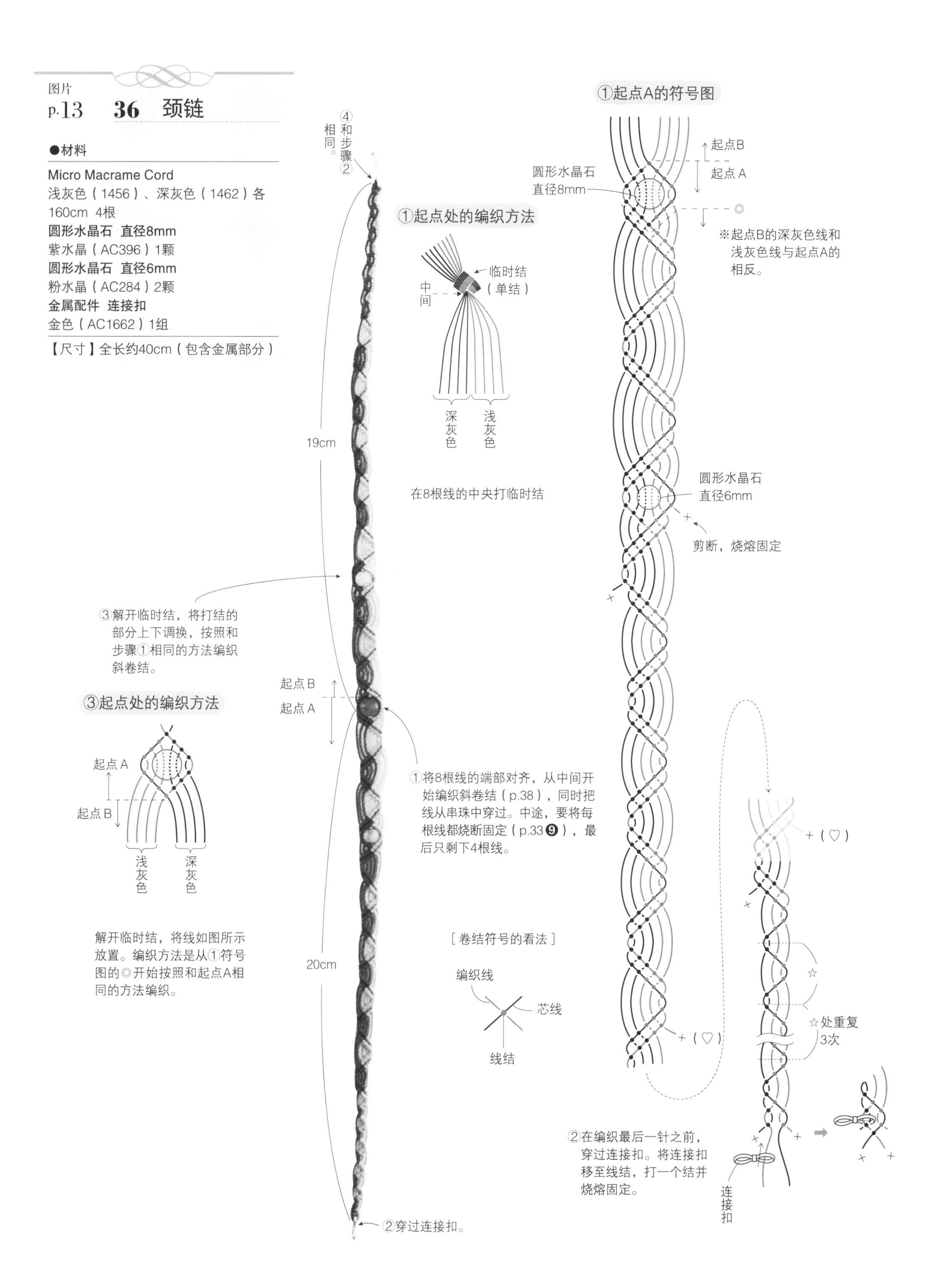

图片

p.13 37 耳坠

●材料

Micro Macrame Cord
浅灰色（1456）、深灰色（1462）各50cm 4根
圆形水晶石 直径6mm
粉水晶（AC284）、紫水晶（AC386）各2颗
黄铜串珠 （AC1133）、（AC1135）各2颗
耳钩 金色（AC1664）1对

【尺寸】全长约6cm（包含金属部分）

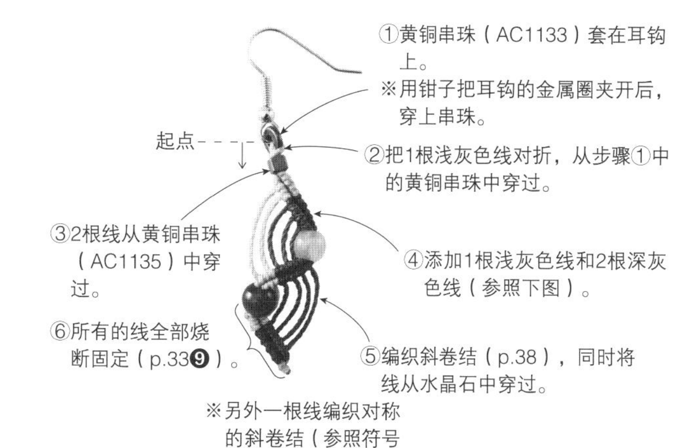

②添加线的方法

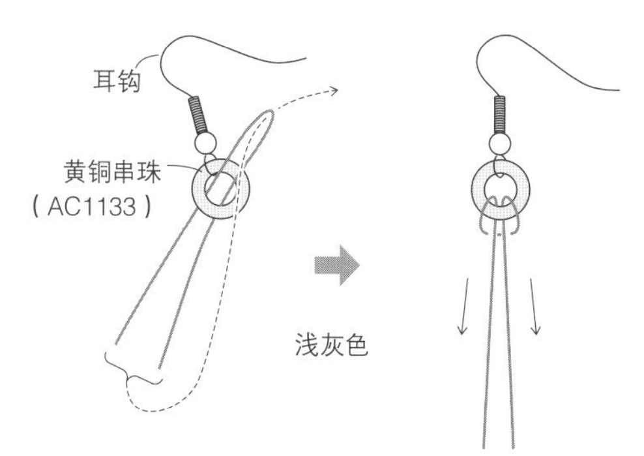

把浅灰色线对折，把连在一起的部分从黄铜串珠（AC1133）中穿过，按照图中箭头所示，将线从环中穿过。

④、⑤、⑥符号图

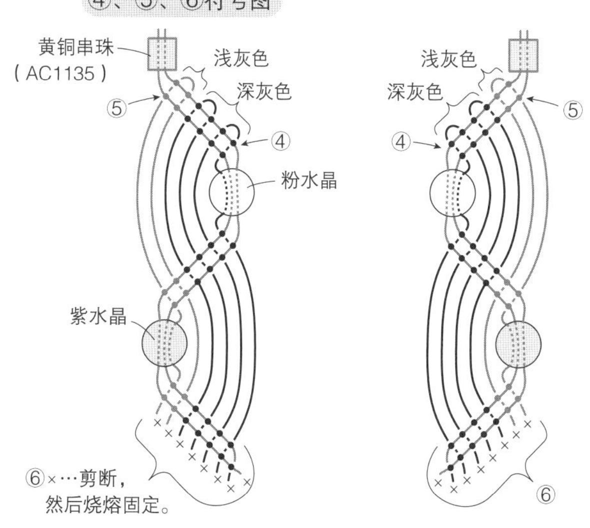

[卷结符号的看法]

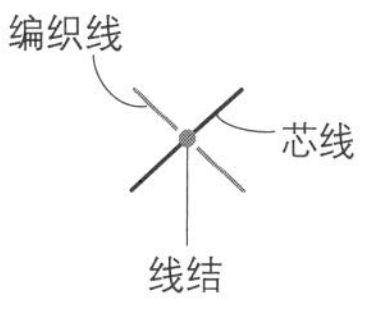

④卷结添加线的方法

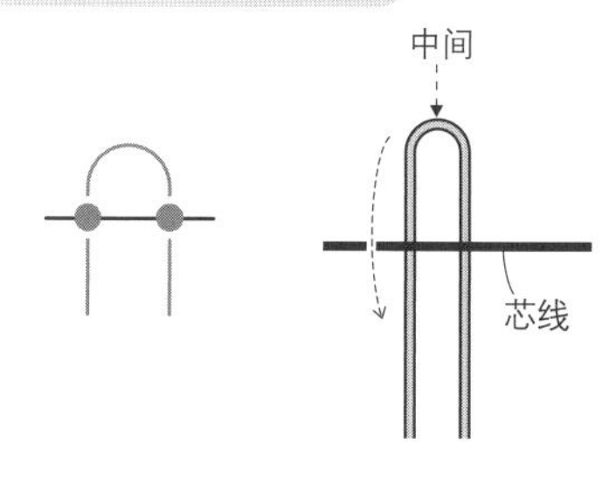

1. 将编织线对折，放置在芯线的下面，编织线连在一起的部分折向靠近自己的一侧。

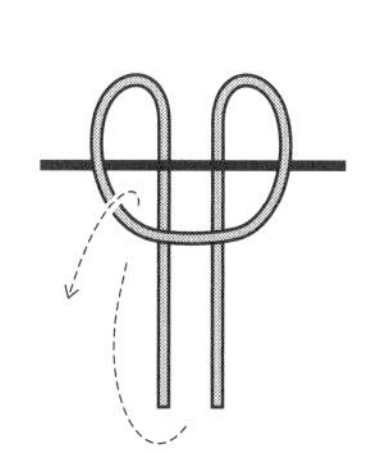

2. 线的两端穿入环形的中间，然后将线拉出。

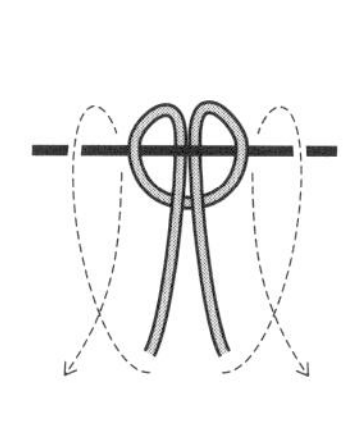

3. 如图所示，线的两端分别从靠近自己的一侧绕到芯线上。

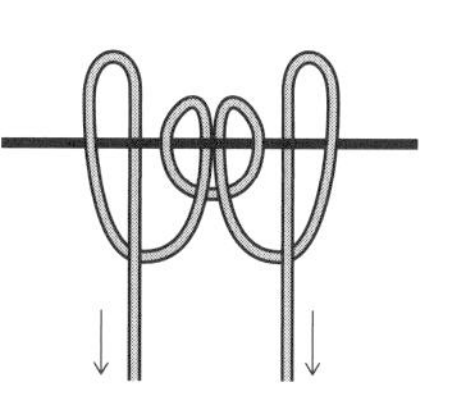

4. 拉紧。

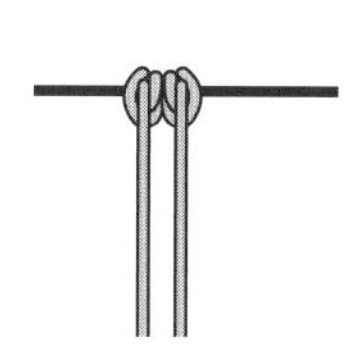

5. 完成。

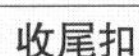

图片
p.23

70、71 手链

●材料

Marchen Rosetta Cord
70 葵蓝色（1588）80cm 2根、香槟色（1582）180cm 1根
71 朱红色（1585）80cm 2根、香槟色（1582）180cm 1根

隔珠
70 绿松石色（AC1392）20颗、金色（AC1398）22颗
71 珊瑚色（AC1395）20颗、银色（AC1399）22颗

收尾扣
70 金色（AC1437）、**71** 银色（AC1438）各1颗
70、71 通用
圆形木制串珠 直径6mm 白木色（W581）1颗

【尺寸】全长约22cm

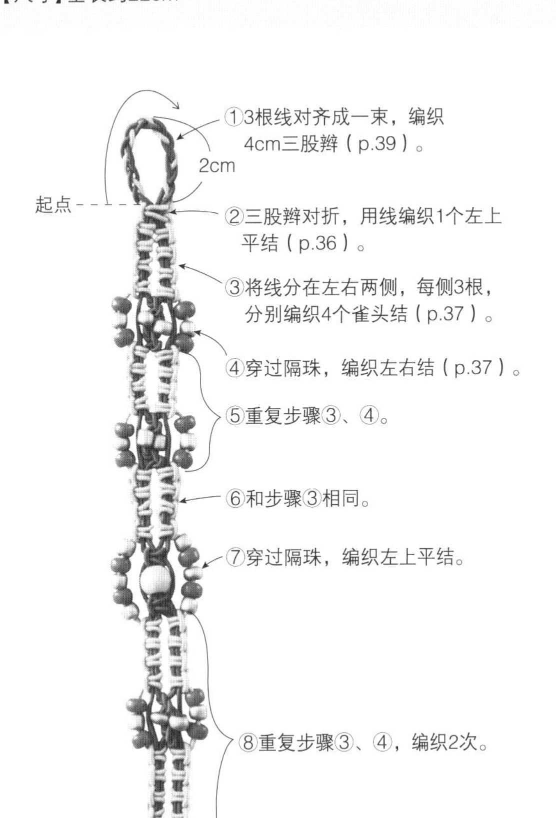

①起点处的编织方法

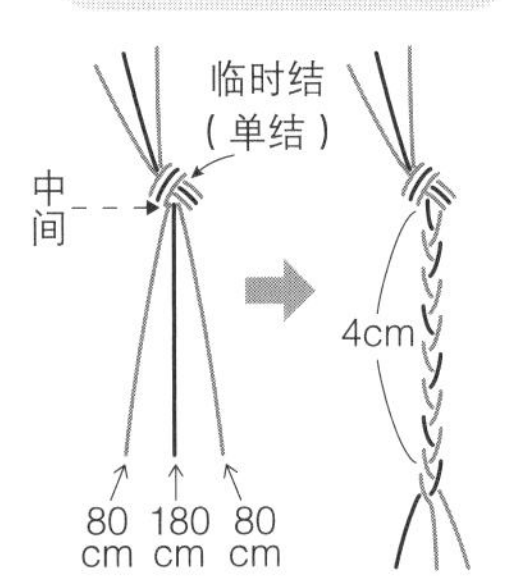

将3根线如图对齐，然后在中间打临时结，编织4cm三股辫。

②对折的方法

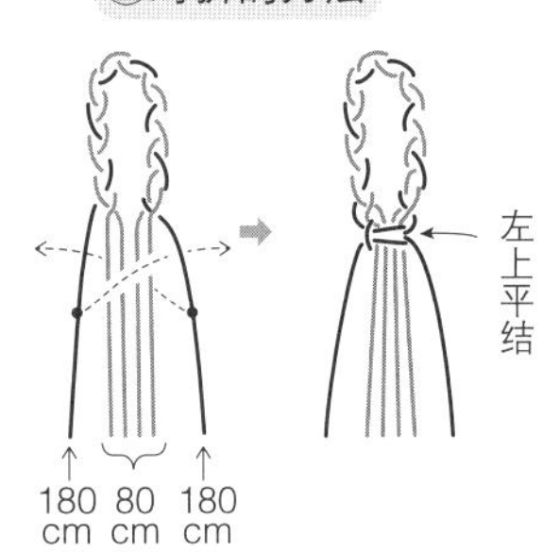

解开临时结，将三股辫对折。长的线（180cm）为编织线，编织1个左上平结。

③雀头结的方法

将线按照每3根一组分开，用右侧180cm的线，编织4个右雀头结；用左侧的线，编织4个左雀头结。

④隔珠的穿法

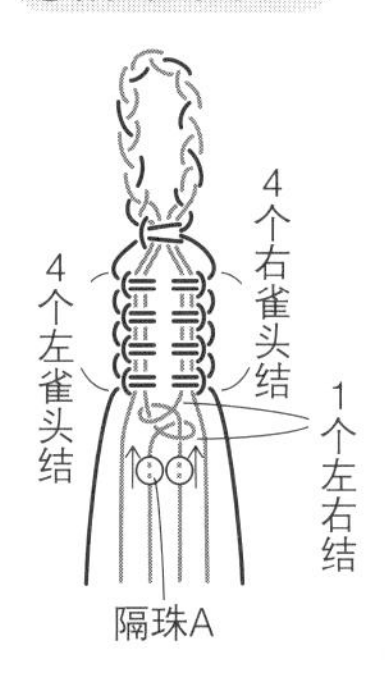

1. 用内侧的2根线编织1个左右结。2根线上各穿过1颗隔珠A。

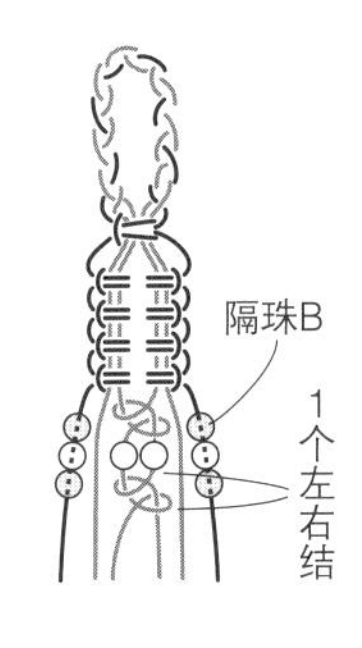

2. 用内侧的2根线编织1个左右结。在两侧的线上，按照隔珠B、A、B的顺序分别穿上3颗隔珠。

⑦隔珠的穿法

隔珠A… **70**隔珠 金色 **71**隔珠 银色

隔珠B… **70**隔珠 绿松石色 **71**隔珠 珊瑚色

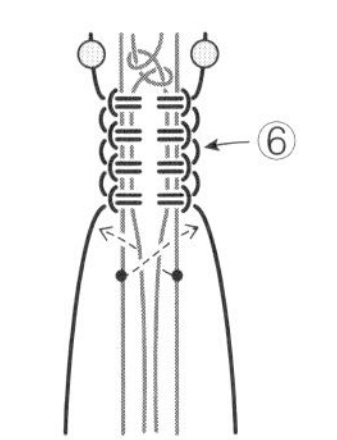

1. 以内侧的2根线为芯线，编织1个左上平结。

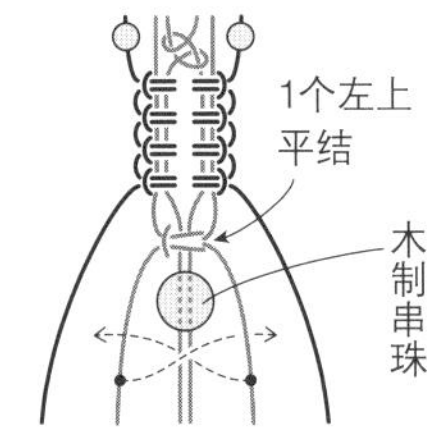

2. 木制串珠穿到内侧的2根线上，编织1个左上平结。

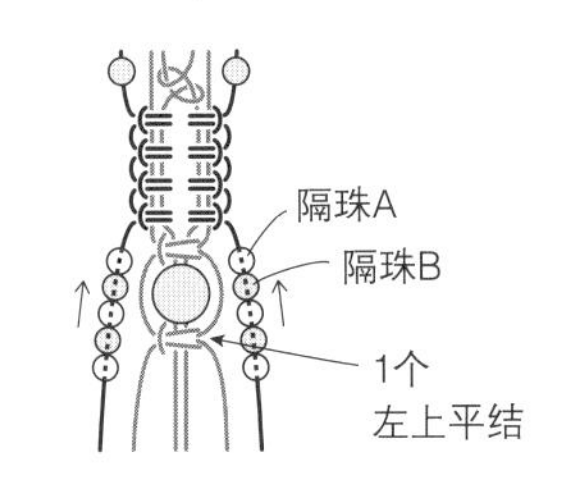

3. 在左右两侧的线上，按照隔珠A、B、A、B、A的顺序，分别穿上5颗隔珠。

图片
p. 23

72、73 手链

●材料

72 Marchen Rosetta Cord
香槟色（1582）180cm 1根、70cm 3根
迷你玻璃串珠 浅蓝色（AC992）6颗
圆形木制串珠 直径6mm 红木色（W582）3颗
椰子壳串珠 （MA2224）1颗

73 Marchen Rosetta Cord
绿色（1587）180cm 1根、70cm 3根
迷你玻璃串珠 黄色（AC973）6颗
圆形木制串珠 直径6mm 白木色（W581）3颗
椰子壳串珠 （MA2224）1颗

【尺寸】全长约22cm

起点
2cm
①将3根70cm长的线对齐成一束。在中间打临时结，编织4cm三股辫（p.39）。
②解开临时结，把三股辫编织的部分对折，加上180cm的线，在左右两侧分别编织5个雀头结（p.37）。
③穿上串珠。
④编织3个雀头结。
⑤编织2个左右结（p.37）。
⑥编织3个雀头结。
⑦重复步骤③~⑥。
⑧和步骤③相同。
⑨编织5个雀头结。
※参照步骤②。
⑩编织1个左上平结（p.36）。
⑪8根线全部从椰子壳串珠中穿过。
⑫用8根线打单结（p.39）。
3cm
⑬把线分成4根一组，编织四股辫（p.39）。
⑭在四股辫的结尾处，用4根线分别打单结。

①起点处的编织方法

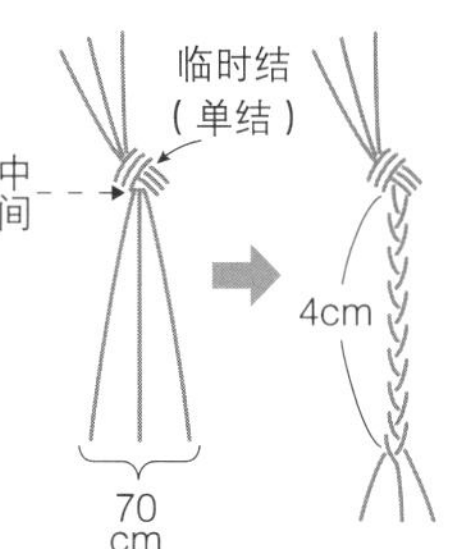

将3根70cm长的线对齐成一束。在中间打临时结，编织4cm三股辫。

②加线的方法、编织方法

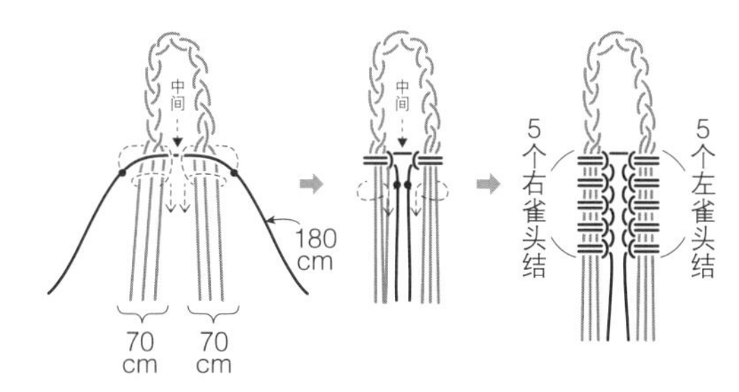

如图所示，把180cm长的线放在3根70cm长的线的两端。把70cm长的每3根线分成一组，右侧编织左雀头结，左侧编织右雀头结。然后再每种方法编织4个（共编织5个）。

③串珠的穿法

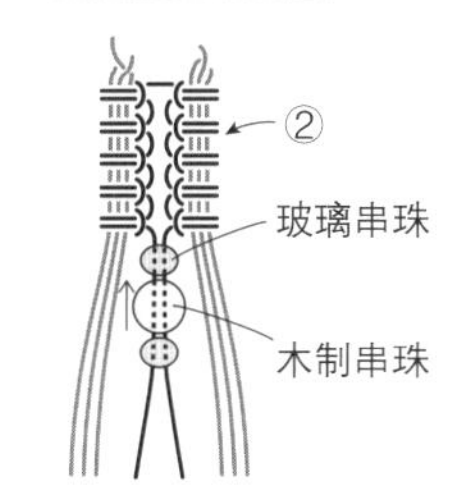

如图所示，把1根180cm长的线的两端从串珠中穿过。

④~⑥的编织方法

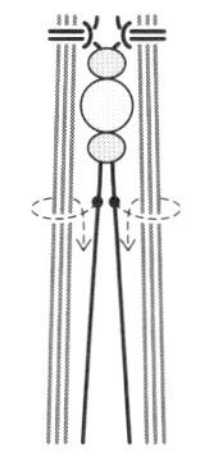

1. 把70cm长的线每3根分成一组，右侧编织左雀头结，左侧编织右雀头结，每种方法分别编织3个。

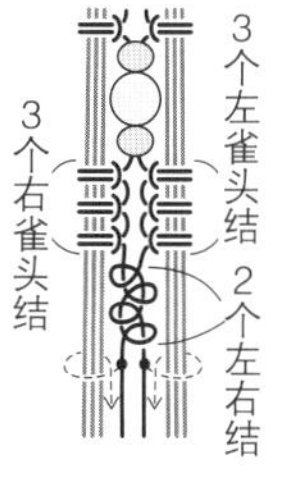

2. 用1根180cm长的线的两端编织2个左右结。

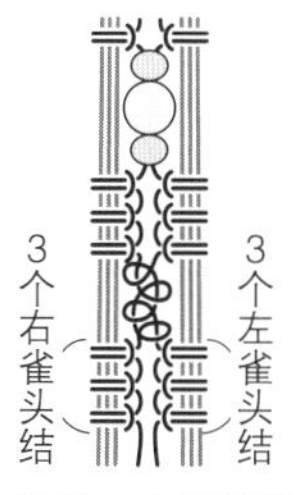

3. 然后，右侧编织左雀头结，左侧编织右雀头结，每种方法分别编织3个。

⑩平结的编织方法

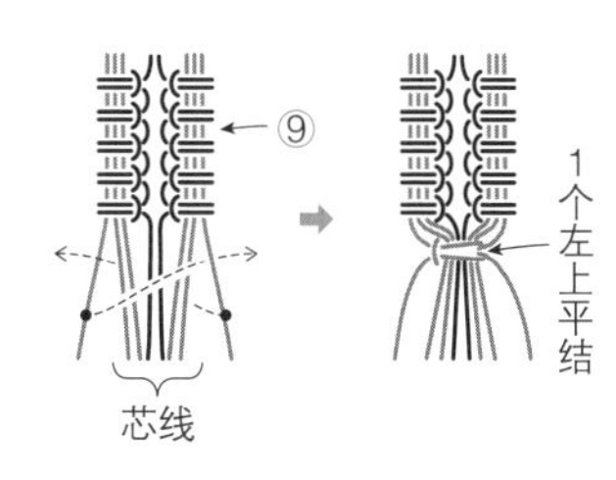

以外侧的 2 根线为编织线，编织 1 个左上平结。

图片
p. 24

74、75、76 手链
77、78、79 耳坠

●材料

74、75、76 手链

74 亚麻线（细） a色：自然色（1）、b色：亮茶色（11）、c色：红色（4）各300cm 1根

75 亚麻线（细） a色：黄绿色（31）、b色：天蓝色（12）、c色：葡萄紫色（13）各300cm 1根

76 亚麻线（细） a色：黄色（7）、b色：橘黄色（9）、c色：棕色（6）各300cm 1根

74、75、76通用

金属纽扣74、76古铜色（K5462/77号）、**75**黄铜质地（K5462/57号）各1颗

【尺寸】全长约75cm

77、78、79 耳坠

77 亚麻线（细） b色：亮茶色（11）、c色：红色（4）各25cm 1根
耳钩 青铜色（K2539/B）1对

78 亚麻线（细） b色：天蓝色（12）、c色：葡萄紫色(13)各25cm 1根
耳钩 银色（K2539/S）1对

79 亚麻线（细） b色：橘黄色（9）、c色：棕色（6）各25cm 1根
耳钩 青铜色（K2539/B）1对

【尺寸】全长约7.5cm（包含金属部分）

74、75、76 手链

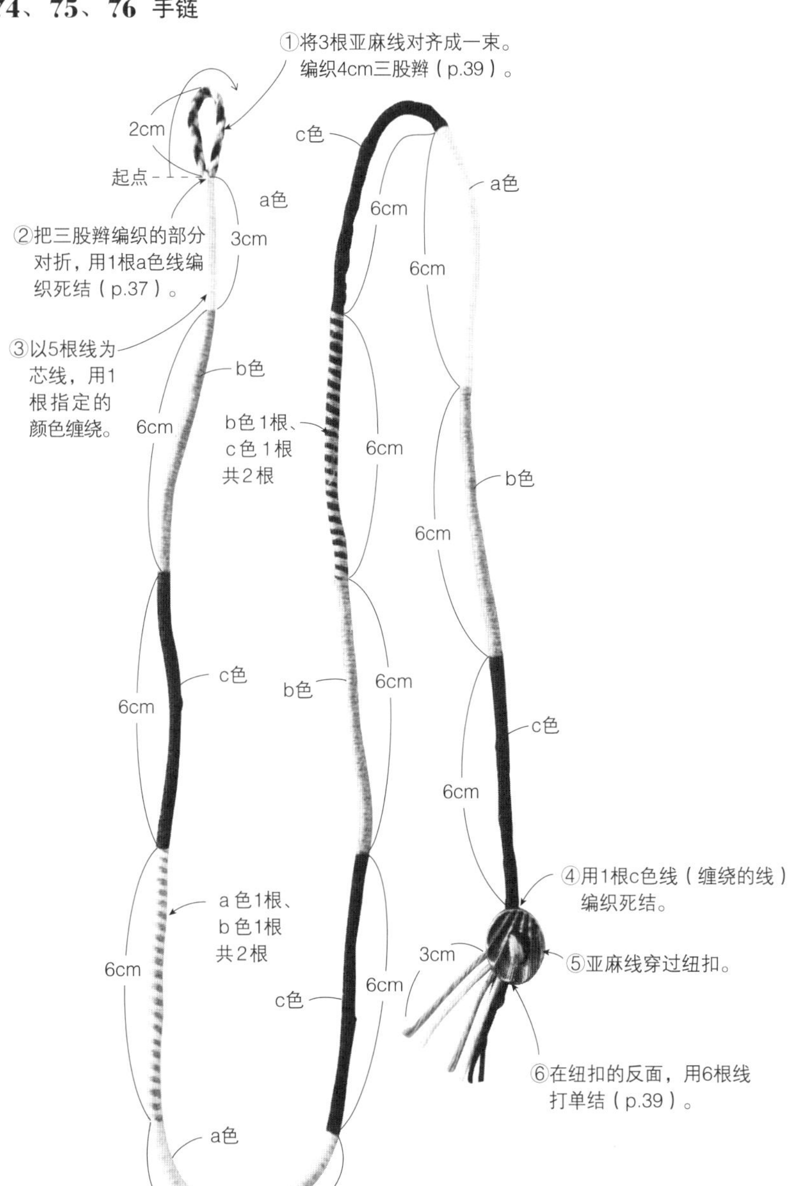

①起点处的编织方法

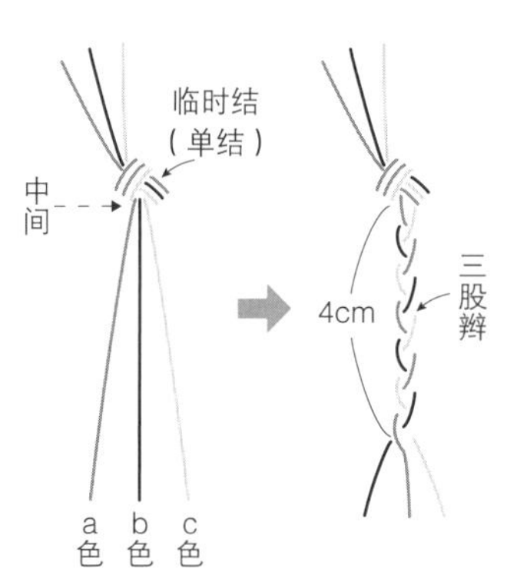

将3根亚麻线如图对齐成一束。
在中间打临时结，编织4cm三股辫。

②对折的方法

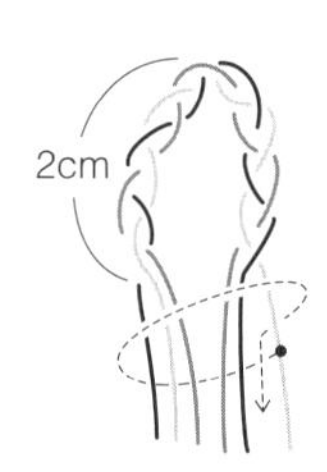

解开临时结，把三股辫的部分对折。用1根a色线打死结。

③缠绕方法

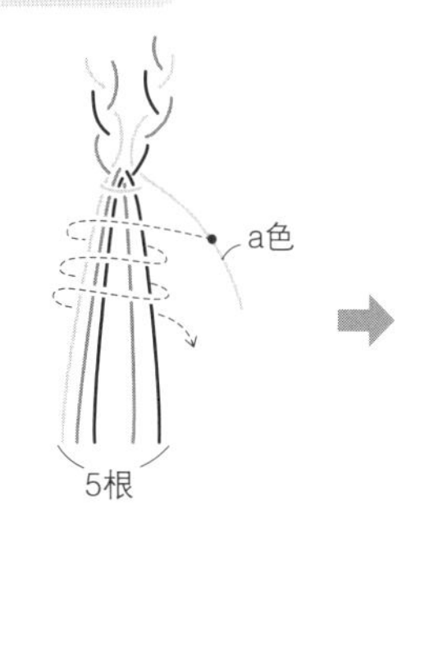

1. 以其余的5根线为芯线，用1根a色线缠绕约3cm长。
※一定要缠绕紧密。

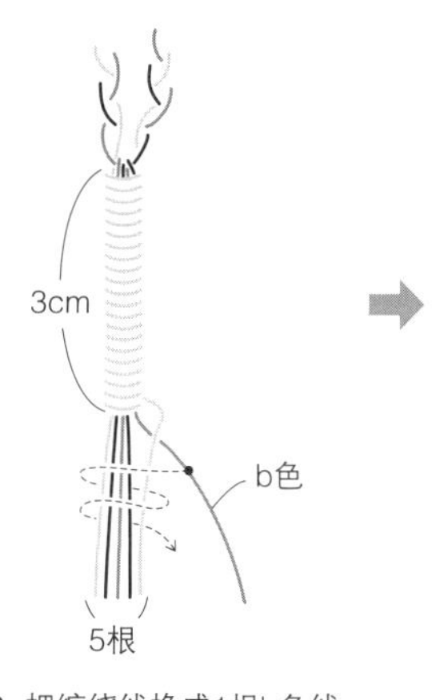

2. 把缠绕线换成1根b色线，然后以其余的5根线为芯线，继续缠绕6cm。

3. 把缠绕线换成1根c色线，然后以其余的5根线为芯线，继续缠绕6cm。
※按照相同的方法，使用指定颜色的线重复编织。缠绕线就是剩余较长的线。

③用2根线缠绕时

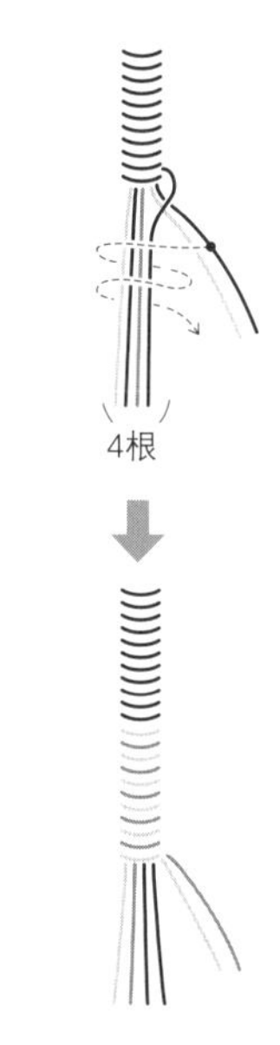

将 2 根缠绕线放在一起，以其余的 4 根线为芯线开始缠绕。缠绕时，注意要让 2 根线呈现出条纹状。

⑤纽扣的安装方法

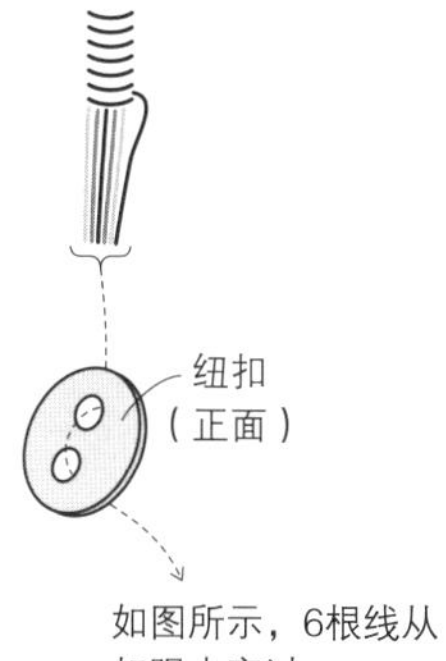

如图所示，6根线从扣眼中穿过

⑥打单结的方法

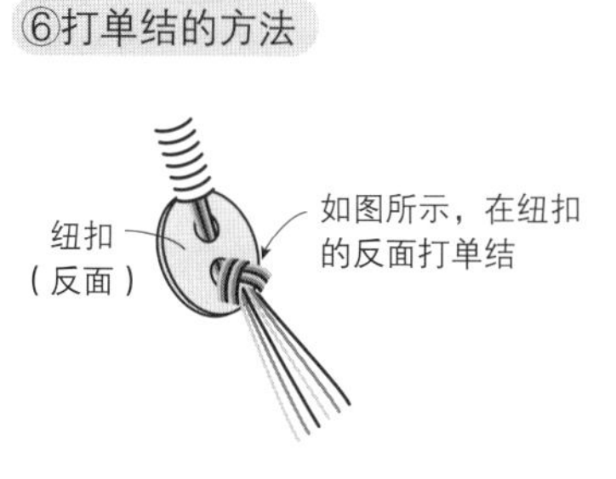

77、78、79 耳坠

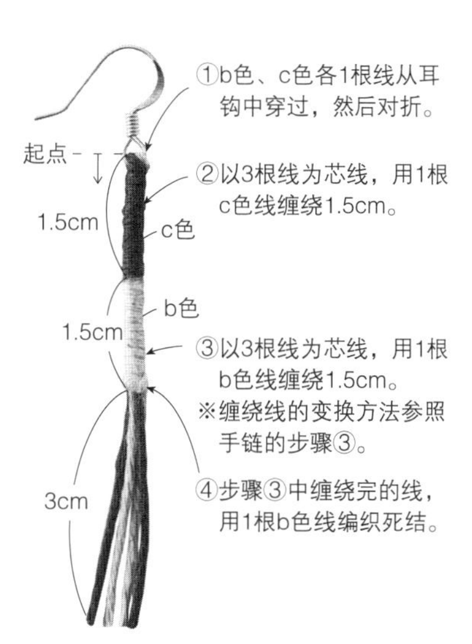

①b色、c色各1根线从耳钩中穿过，然后对折。
②以3根线为芯线，用1根c色线缠绕1.5cm。
③以3根线为芯线，用1根b色线缠绕1.5cm。
※缠绕线的变换方法参照手链的步骤③。
④步骤③中缠绕完的线，用1根b色线编织死结。

①、②起点处的编织方法

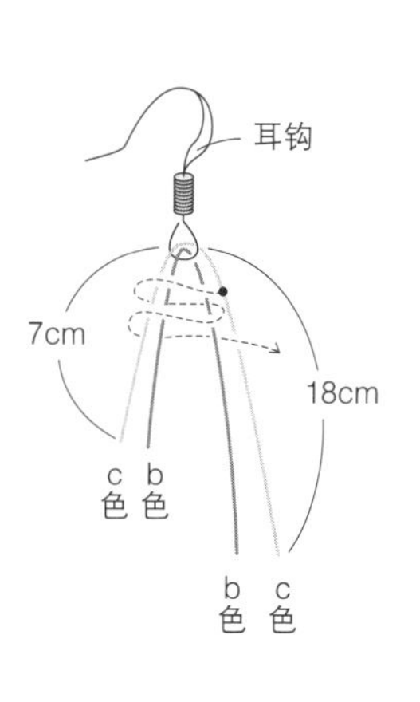

分别把1根b色线和1根c色线从耳钩中穿过，然后如图所示将线对折。用18cm长的c色线开始缠绕。

图片
p.25 **80、81 手链**

●材料

Wax Cord 粗1mm
80 原白色（2号），**81** 浅棕色（3号）各200cm 1根、各60cm 1根、各30cm 2根
染色牛皮革A5
80 米色（56/UW1607）、**81** 驼色（62/UW1607）各1.2cm×21cm

80、81通用
木制串珠15mm **80**（H903/1号）、**81**（H903/23号）各1颗

【尺寸】全长约20cm

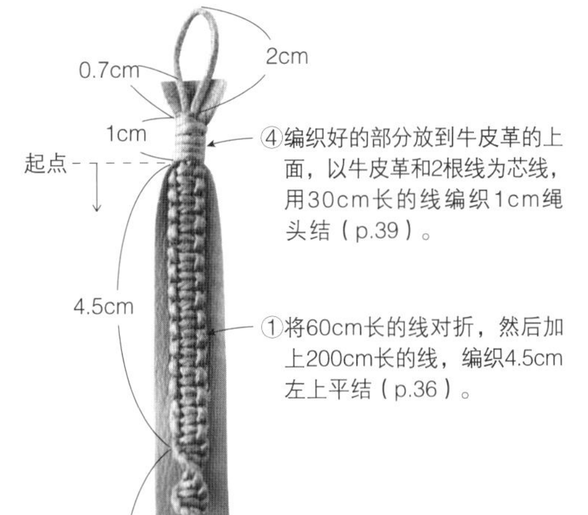

④编织好的部分放到牛皮革的上面，以牛皮革和2根线为芯线，用30cm长的线编织1cm绳头结（p.39）。

①将60cm长的线对折，然后加上200cm长的线，编织4.5cm左上平结（p.36）。

②编织6cm左上扭结（p.36）。

③编织4.5cm左上平结。

⑤将牛皮革和编织部分弯折成圆形，结合手腕的尺寸，决定下面绳头结的位置。

⑨选取两三处位置，用黏合剂将编织好的线和牛皮革粘贴固定。

⑥以4根线和牛皮革为芯线，用30cm长的线编织1cm绳头结（p.39）。

⑦留下2根60cm长的线，将200cm长的线剪断。

⑧2根线从木制串珠中穿过，在距离步骤⑥的线结1.5cm处，用2根线打单结（p.39）。

①起点处的编织方法

中间
3cm
60cm
200cm
芯线

将60cm长的线对折，作为芯线。上端留出3cm，将200cm长的线作为编织线。开始编织左上平结。

添加线的方法

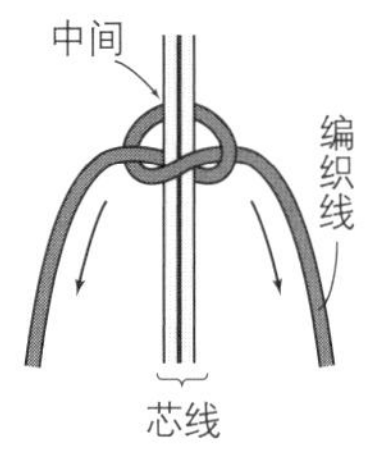

编织线放在芯线的下面，如图所示放置。

④绳头结的编织方法

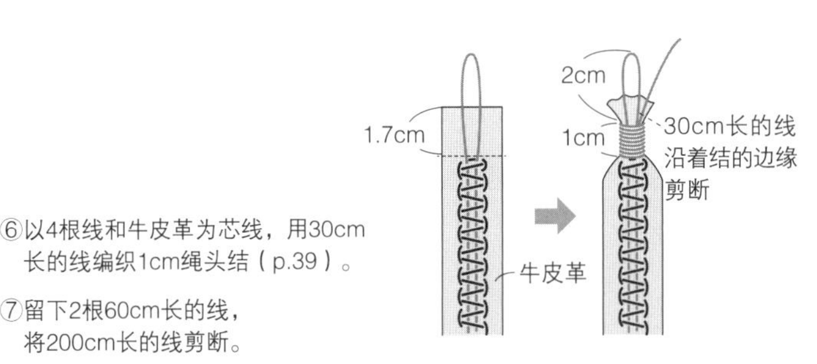

如图所示，将编织好的线放在牛皮革的上面。以牛皮革和2根线为芯线，用30cm长的线在距离结靠上1cm处开始编织绳头结。在绳头结的上端将30cm长的线剪断。

⑥、⑦绳头结的编织方法

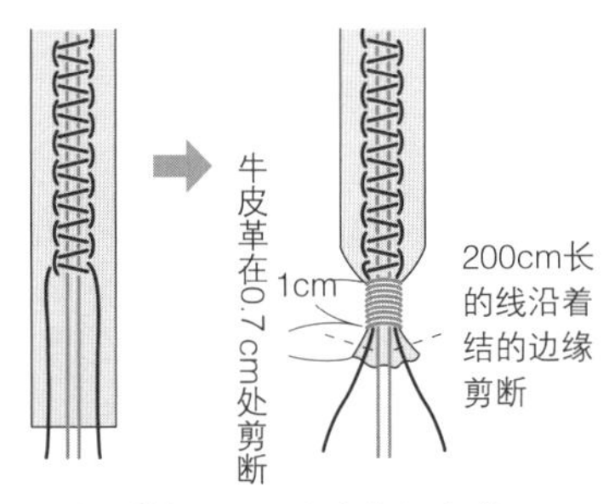

和步骤④相同，以牛皮革和4根线为芯线，用30cm长的线编织1cm绳头结。200cm长的2根线在绳头结的下部剪断。牛皮革是在距离绳头结下部0.7cm处剪断。

图片
p.25 **82、83 手链**

●材料

Wax Cord 粗1mm
82 原白色（2号）、**83** 白色（1号）各60cm 2根
Wax Cord 粗0.7mm
82 黑色（6号）、**83** 蓝色（5号）各30cm 3根

染色牛皮革A5
82 苔绿色（71/UW1607）、
83 浅灰色（53/UW1607）各1.2cm×21cm
木制串珠 **82**（H796/30号）、**83**（H796/34号）各1颗

【尺寸】全长约20cm

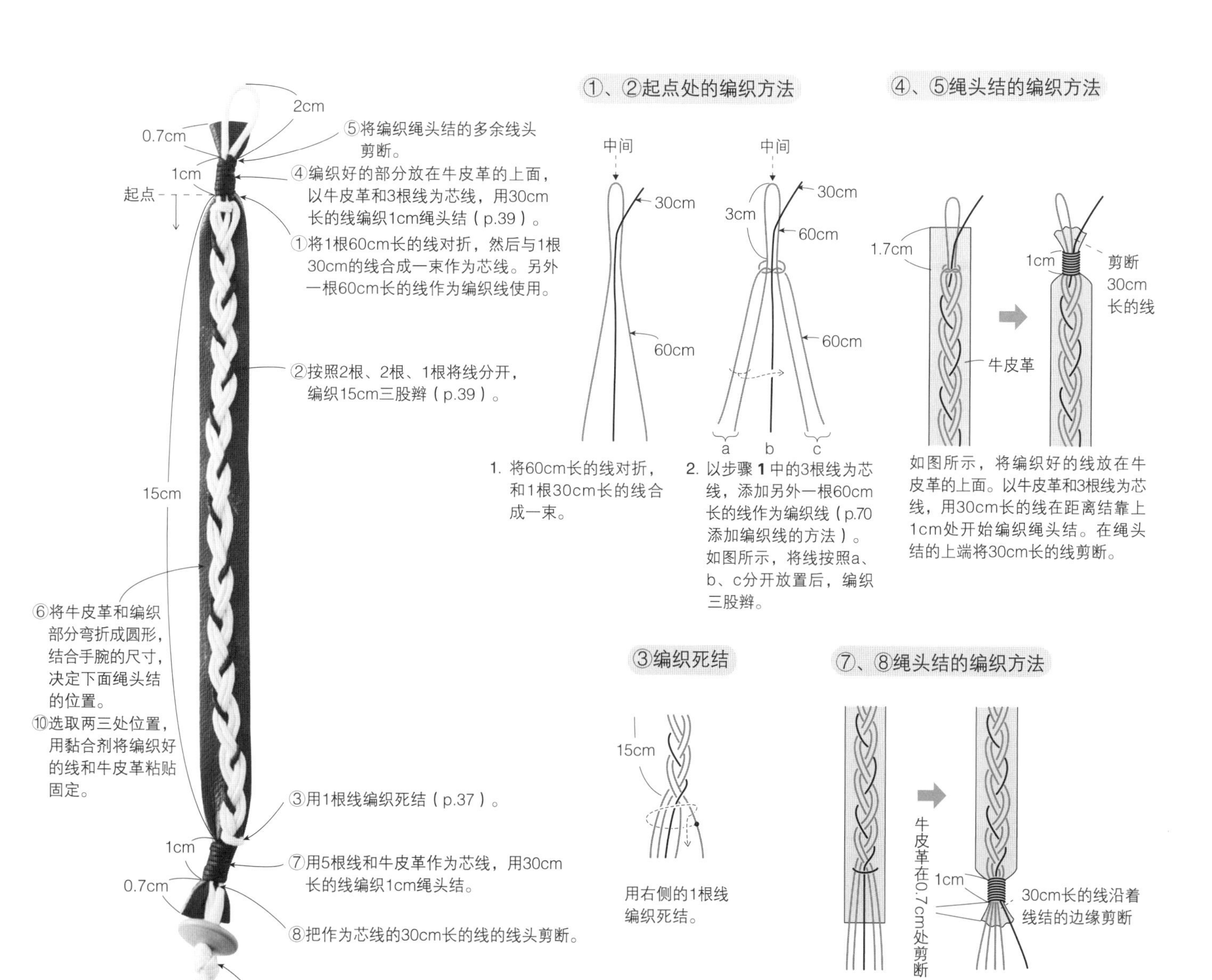

图片
p.27 87、88 钥匙链

●材料

Micro Macrame Cord
87 棕色（1453）、亮茶色（1454）各220cm 1根
88 砖红色（1445）220cm 2根
圆形水晶石　直径8mm
87 红玛瑙石（AC292）1颗
88 砂金石（AC297）1颗
87、88 通用
镀金白镴串珠（AC436）1颗
黄铜串珠（AC1140）3颗
AG钥匙圈（G1020）1个

【尺寸】全长约11.5cm（包含金属部分）

图片
p.27 89、90 钥匙链 制作方法在p.73

●材料

Micro Macrame Cord
89 深蓝色（1460）、**90** 灰色（1457）各70cm 4根
圆形水晶石　直径8mm
89 黄红色砂金石（AC391）2颗、黄虎睛石（AC293）1颗
90 蔷薇辉石（AC393）、猫眼石（AC597）各2颗，
紫水晶（AC396）1颗
琥珀串珠（AC321）（仅作品**89**）2颗
镀金白镴串珠
89（AC432）、**90**（AC431）各1颗
89、90 通用
黄铜串珠（AC1132）4颗
AG钥匙圈（G1020）1个

【尺寸】全长约10cm（包含金属部分）

87、88 钥匙链

①~⑤的编织方法、串珠的穿法

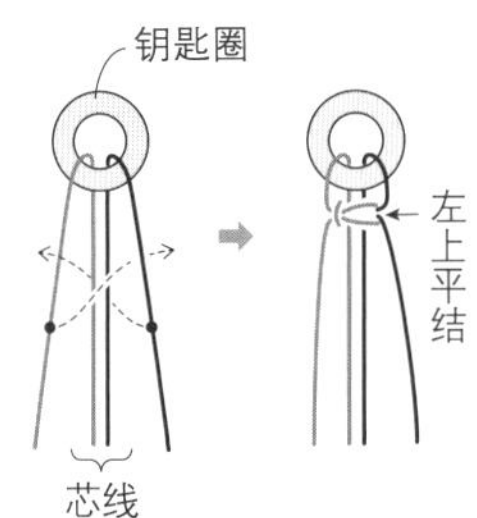

1. 2根线从镀金白镴串珠中穿过，然后对折。以内侧的2根线为芯线，编织1个左上平结。

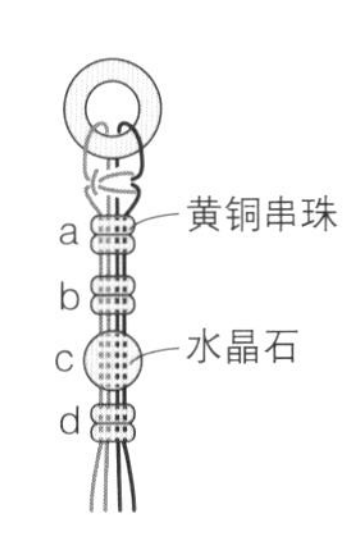

2. 如图所示穿上黄铜串珠和水晶石。

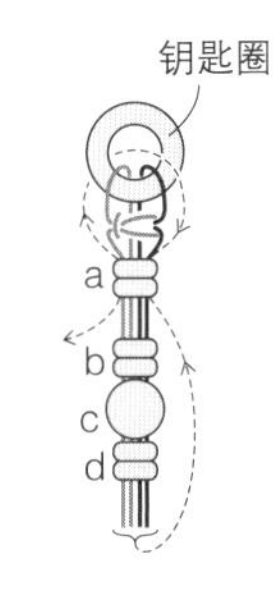

3. 如图所示，4根线的一端从1颗黄铜串珠（a）和镀金白镴串珠中穿过，围成环。

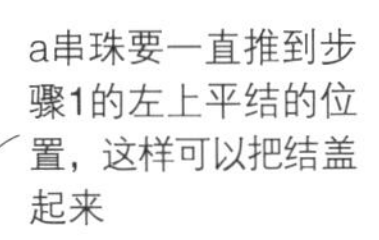

4. 黄铜串珠b、d和水晶石c滑到环的下面，如图所示，以围成环的4根线为芯线，用2根编织线，编织7.5cm左上扭结。

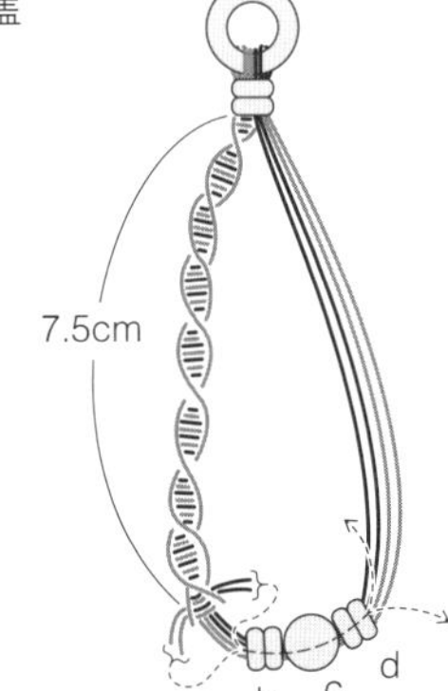

5. 编织好的4根线从黄铜串珠b、d和水晶石c中穿过。

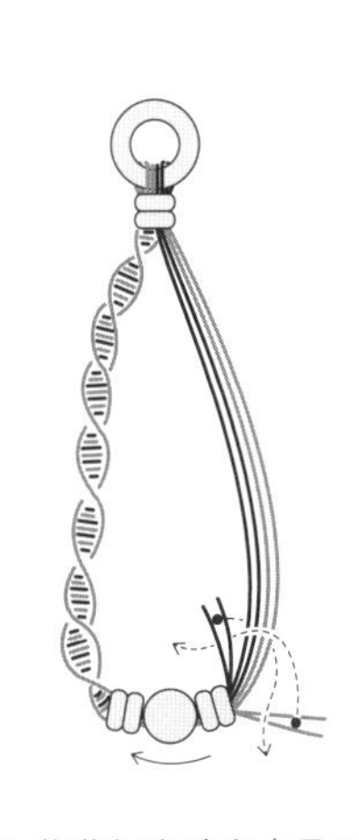

6. 将黄铜串珠和水晶石移到步骤**5**线结的边缘，然后继续按照步骤**4**的方法，用2根编织线编织7.5cm左上扭结。

89、90 钥匙链

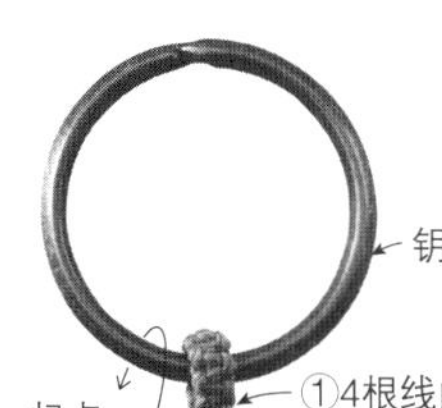

①起点处的编织方法

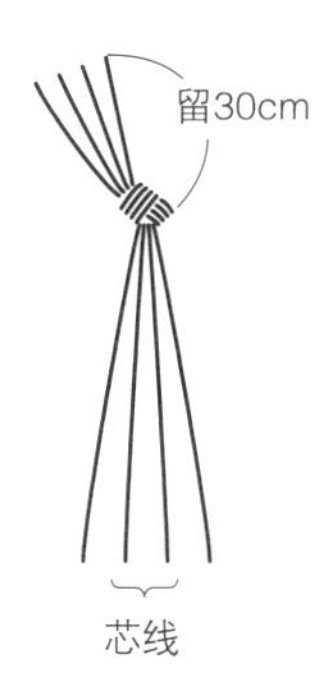

1. 4根线的端部对齐，在图中所示位置打临时结（单结）。

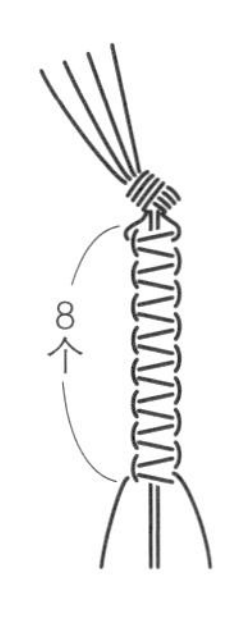

2. 编织8个左上平结。

②穿过钥匙圈的方法

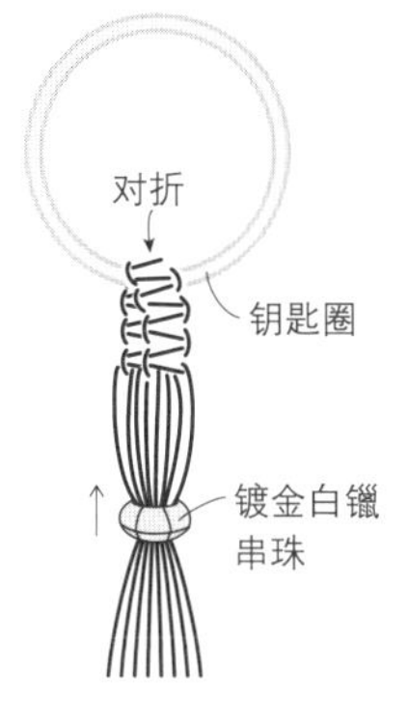

解开临时结，从钥匙圈中穿过，然后把左上平结编织的部分对折。8根线从镀金白镴串珠中穿过。

［卷结符号的看法］

③符号图

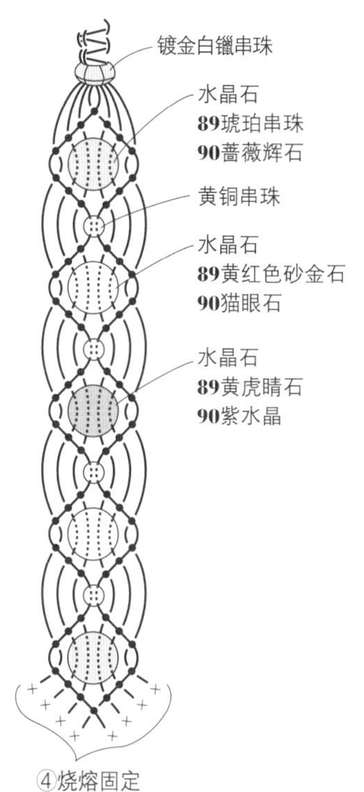

图片
p.26 **84、85、86 戒指**

●材料

Micro Macrame Cord
84 黄褐色（1452）、茶色（1464）各110cm 1根
85 浅灰色（1456）、深蓝色（1460）各110cm 1根
86 红色（1444）、灰色（1461）各110cm 1根
84、85、86 通用
镀金白镴串珠 （AC434）1颗

【尺寸】大小随意 ※可以根据结的数量调整大小。

①起点处的编织方法

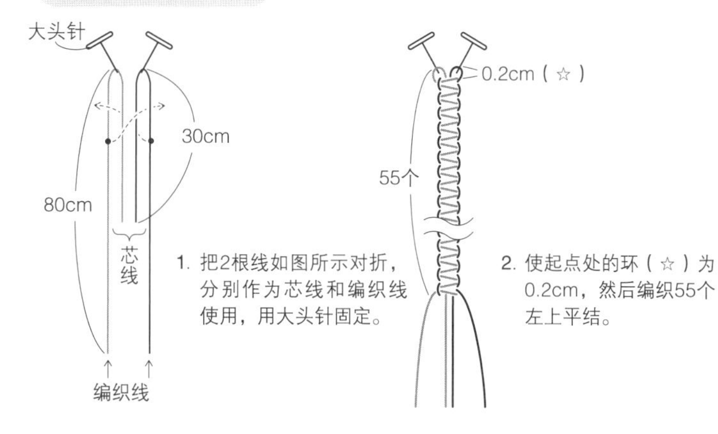

1. 把2根线如图所示对折，分别作为芯线和编织线使用，用大头针固定。
2. 使起点处的环（☆）为0.2cm，然后编织55个左上平结。

②串珠的穿法

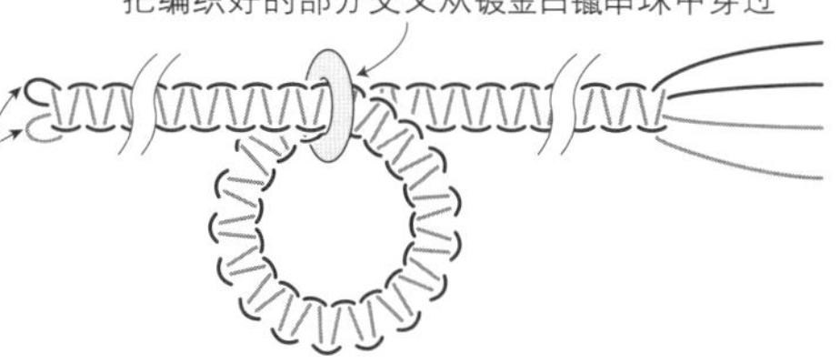

※在步骤③之前，先把编织好的部分绕在手指上确认大小。通过加减结的数量，调整大小。

③线头的处理

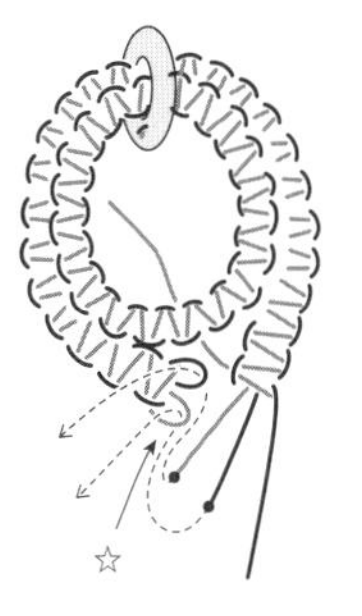

1. 如图所示，2根线分别从起点处的环中（☆）穿过。

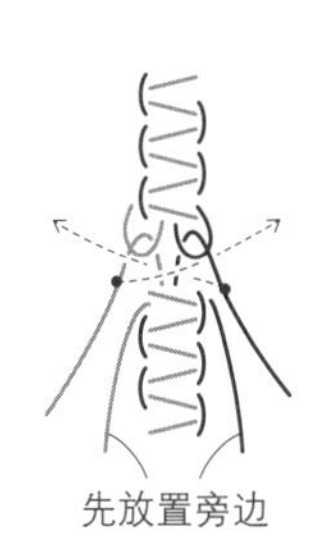

2. 用步骤**1**中穿过的2根线编织1个左上平结。

3. 剪断端部的4根线之后，烧熔固定。
※移动步骤②中串珠的位置，使其能够将烧熔固定的位置覆盖。

图片
p.28　91、92 手机链（长款）

●材料

La Marchen tape 宽3mm
91 深棕色（107）、空心金色（114）各260cm 1根
92 葡萄紫色（098）260cm 2根
91、92 通用
手机连接绳 银色（S1022）1根

【尺寸】全长约86cm

图片
p.28　93、94、95 手机链（短款）

●材料

La Marchen tape 宽3mm
93 银色（091）、黄绿色（100）各120cm 1根
94 银色（091）、夏威夷风蓝色（118）各120cm 1根
95 银色（091）、红色（102）各120cm 1根
93、94、95 通用
手机连接绳 银色（S1022）1根

【尺寸】全长约20cm（包含金属部分）

91、92 手机链（长款）

93、94、95 手机链（短款）

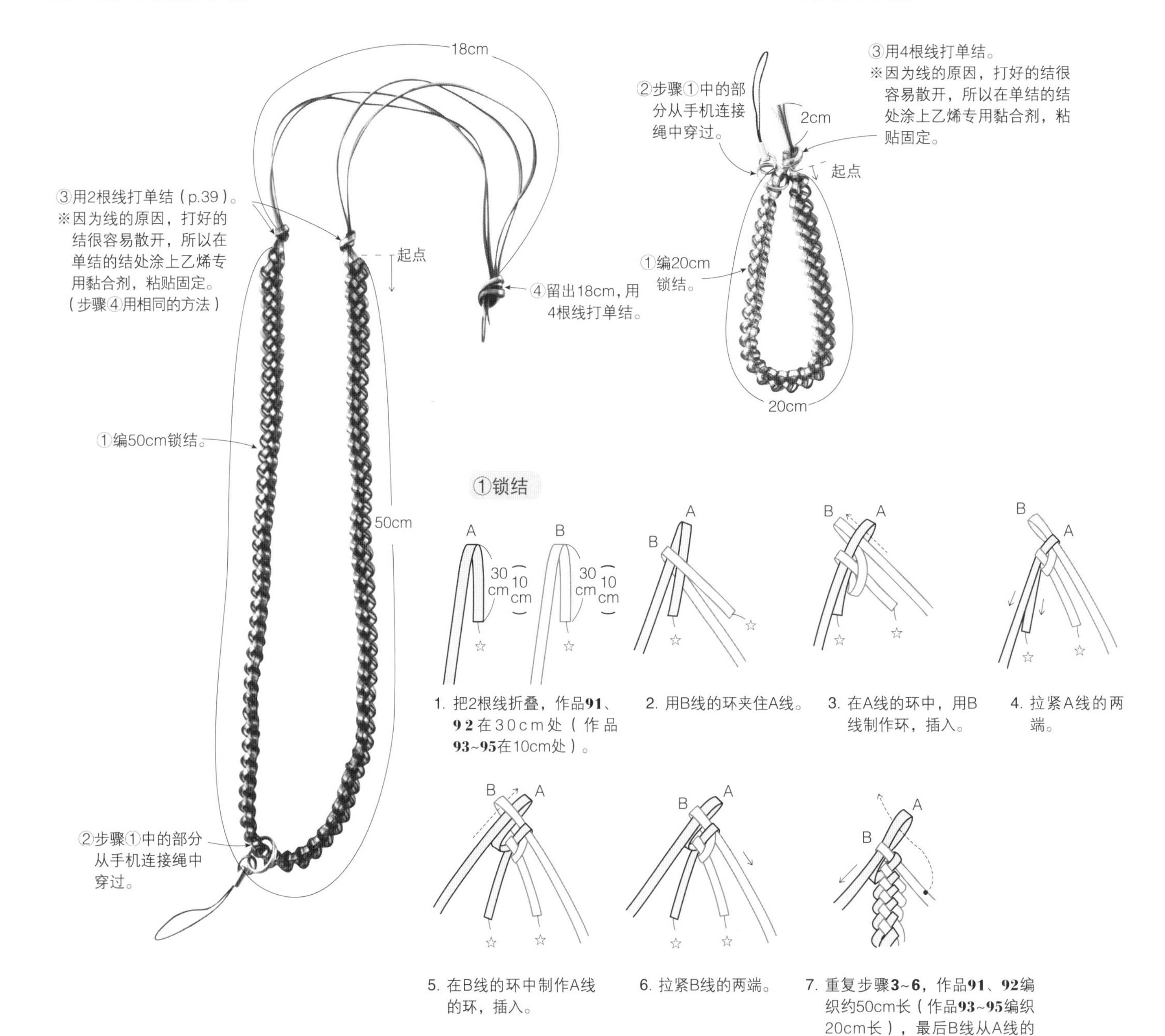

图片
p.29
96、97 胸针

●材料

Misanga线
96 白色（152）、黄色（153）各80cm 2根
97 白色（152）、黑色（168）各80cm 2根
96、97 通用
安全别针 金色（G1006）1个
不织布 黑色5cm×4cm 2片

【尺寸】约3cm×4cm

图片
p.29
98、99 胸针

●材料

Misanga线
98 白色（152）40cm 4根、黑色（168）40cm 2根
99 白色（152）40cm 4根、红色（155）40cm 2根
宽1.5cm的缎带
98 黄色20cm、黑色10cm
99 黑色20cm、黄色10cm
98、99 通用 安全别针 金色 （G1006）1个
不织布 黑色2.5cm×2.5cm 2片

【尺寸】约5cm×7cm

96、97 胸针

①编织横卷结（p.38）。
②贴上不织布。

①符号图
［ ］内是作品97

起点
黄色［黑色］ 白色 黄色［黑色］

1. 1根白色线从中间对折，用一侧的1根线，编织1个横卷结。
2. 以步骤1中的1根白色线为芯线，按照黄色［黑色］、白色、黄色［黑色］的顺序添加线编织（卷结添加线的方法参照（p.65））。
3. 编织17行横卷结。
4. 在距离线的一端1cm处剪断，然后将多出的部分向反面折，用黏合剂粘贴。

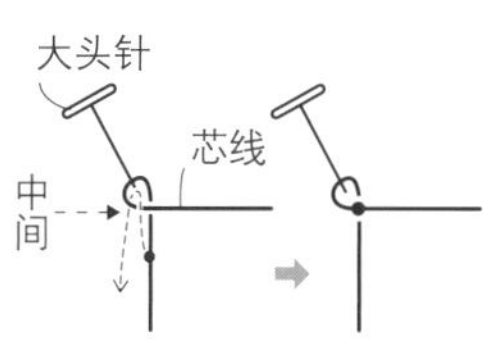

用大头针固定住1根白色线的中间，如图所示卷一下，用下面的线编织1个横卷结。

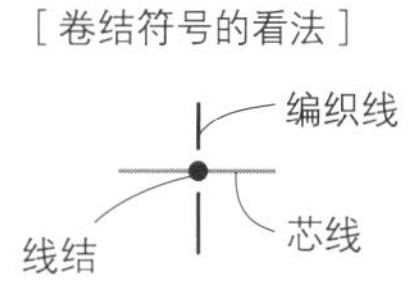

②不织布的粘贴方法

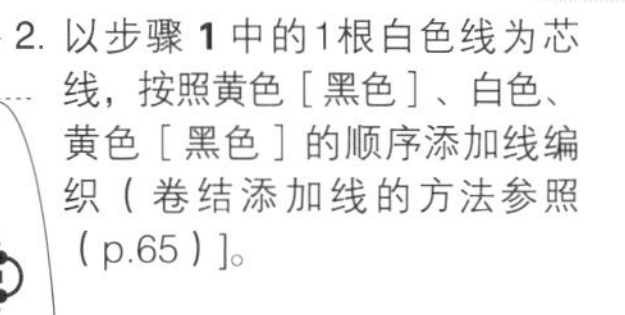

1. 用黏合剂把1片不织布粘贴在编织好的织片反面，在距离织片边缘0.2cm处裁剪不织布。

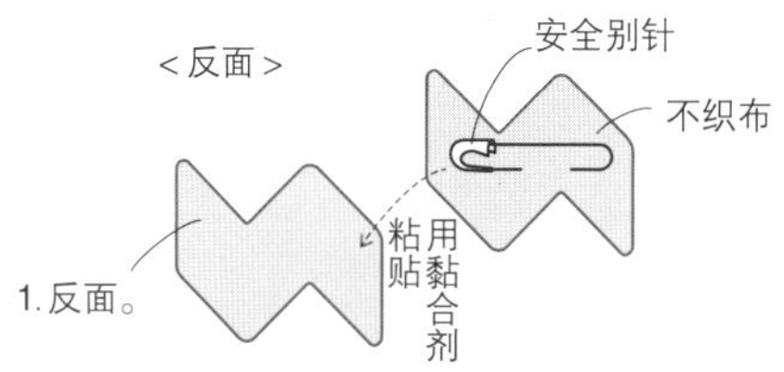

2. 另外一片不织布和步骤1中的重合在一起，剪成完全相同的形状，用黏合剂把它粘贴到步骤1不织布的反面，将安全别针别到不织布上。

98、99 胸针

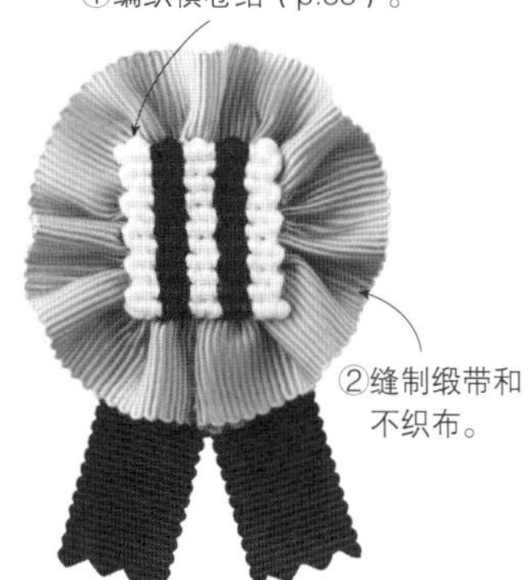
①编织横卷结（p.38）。
②缝制缎带和不织布。
③把步骤①中编织好的织片，用黏合剂粘贴到步骤②完成品的中间。

①符号图
［ ］内是作品99

1. 用1根白色的线为芯线，然后按照白色、黑色［红色］的顺序添加线编织（卷结添加线的方法参照p.65）。

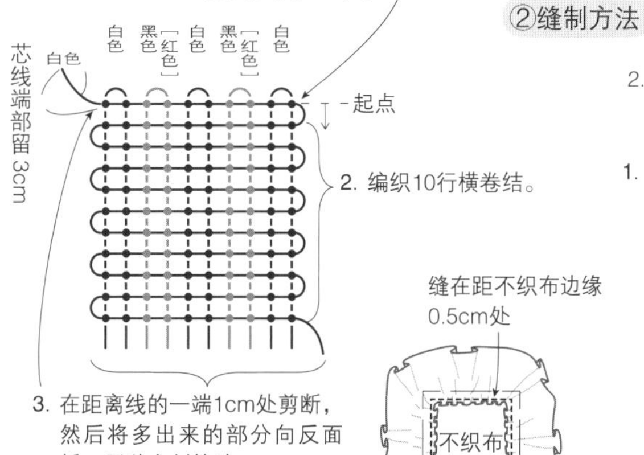

2. 编织10行横卷结。
3. 在距离线的一端1cm处剪断，然后将多出来的部分向反面折，用黏合剂粘贴。

［卷结符号的看法］
编织线
线结
芯线

②缝制方法

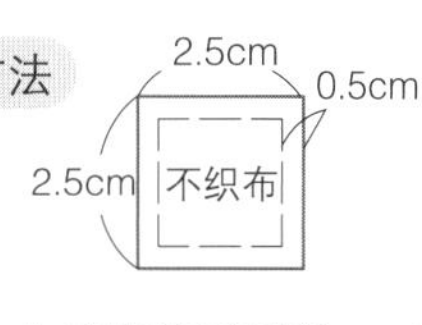

1. 在距离不织布边缘0.5cm处做出标记线。

2. 沿着20cm长的缎带边缘做平针缝，然后将其缩为7cm。

缝在距不织布边缘0.5cm处
不织布
重合0.5cm

3. 沿着步骤1的标记线将步骤2中的缎带缝在不织布上。缎带的端部重合0.5cm，缝到一起。

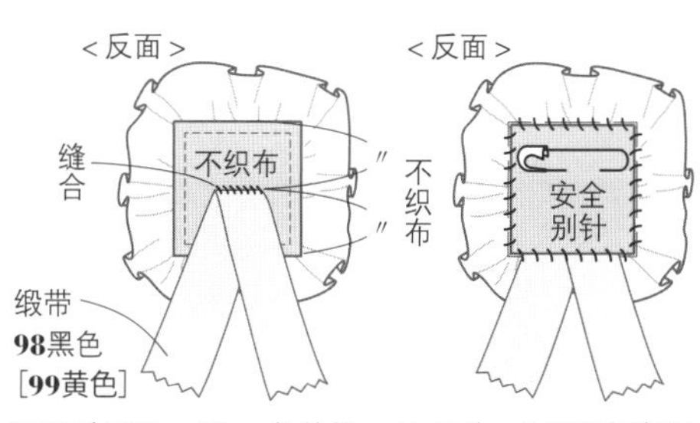

4. 再翻到反面。10cm长的缎带的两端用锯齿剪刀剪断，然后从中间对折，缝到不织布的中间。
5. 另外一片不织布放在已经完成的部分上，从四边做卷针缝。最后把安全别针别到不织布上。

图片
p.30 **100、101、102 发带**

●材料

Marchen Rosetta Cord
100 朱红色（1585）200cm 4根、70cm 2根、30cm 3根
101 葡萄紫色（1586）200cm 4根、70cm 2根、30cm 3根
102 香槟色（1582）200cm 2根、70cm 1根
葵蓝色（1588）200cm 2根、70cm 1根、30cm 3根

100 隔珠<金属材质> 金色（AC1433）80颗
101 彩色迷你玻璃串珠 消光淡紫色（AC905）80颗
102 隔珠<玻璃材质> 蓝绿色（AC1392）92颗
100、101、102 通用
橡皮筋 黑色32cm

【尺寸】全长约52cm

①橡皮筋围成一个环，端部用1根30cm长的线编织绳头结（p.39）。
1.5cm
⑥6根线的一端从橡皮筋中穿过后弯折，用1根30cm的线编织绳头结。
※参照步骤②。
1cm
起点
1cm
②将2根70cm长、4根200cm长的线一端对齐，从橡皮筋中穿过后弯折。用1根30cm的线编织1cm绳头结。
③以4根线为芯线，编织1个左上平结（p.36）。
⑤以4根线为芯线，编织1个左上平结。
④穿过串珠，用2根线编织35cm左右结（p.37）。
35cm

①橡皮筋的处理方法

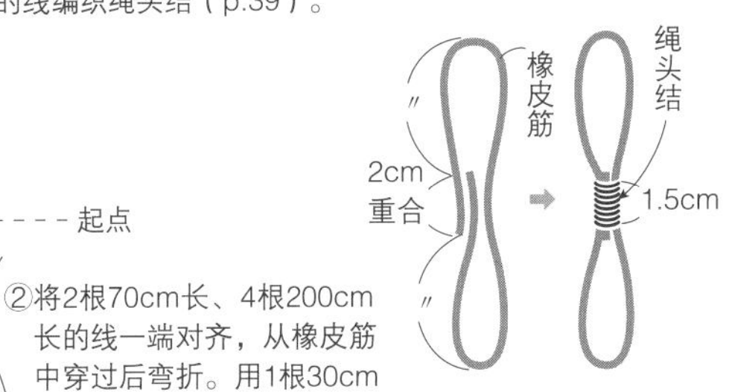

橡皮筋的两端2cm长重合到一起，围成一个环，然后如图所示，上下两个环的长度要一样。重合的部分用1根30cm长的线编织1.5cm绳头结。

②绳头结的编织方法

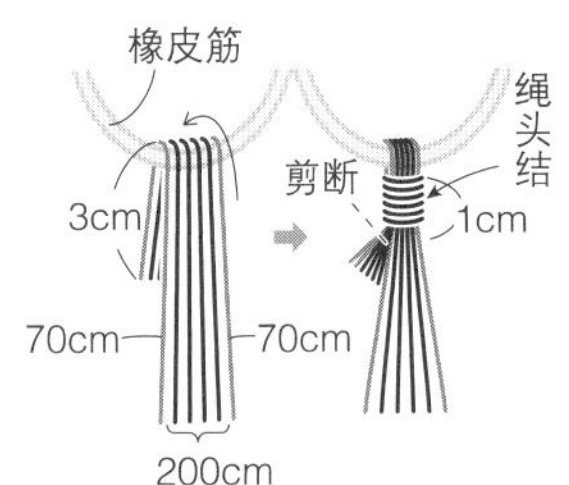

将2根70cm长的线，4根200cm长的线一端对齐，然后从橡皮筋中穿过，弯折3cm。用1根30cm长的线编织1cm绳头结。沿着线结的边缘剪断线头。

③~⑤串珠的穿法、编织方法

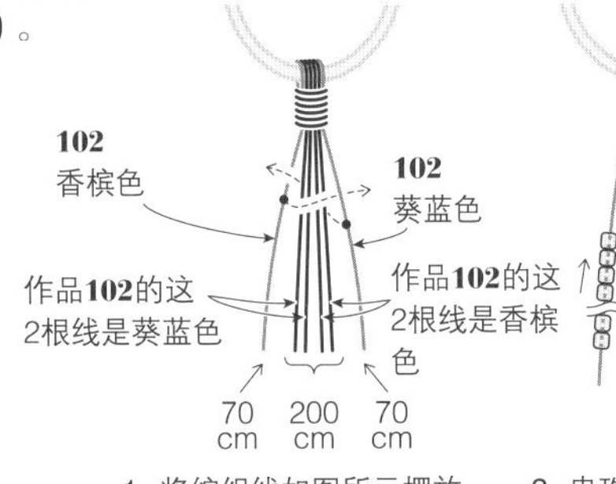

1. 将编织线如图所示摆放，以4根200cm长的线为芯线，编织1个左上平结。

1个左上平结
串珠
100 左右各40颗串珠
101 左右各40颗串珠
102 左右各46颗串珠
穿过

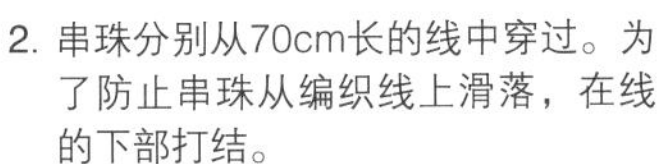

2. 串珠分别从70cm长的线中穿过。为了防止串珠从编织线上滑落，在线的下部打结。

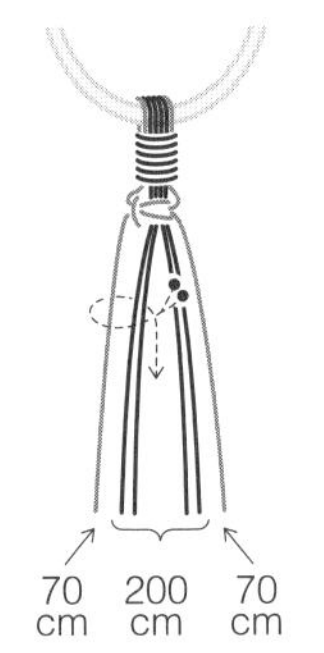

3. 以左侧的3根线为芯线，用右侧的2根200cm长的线缠绕橡皮筋。

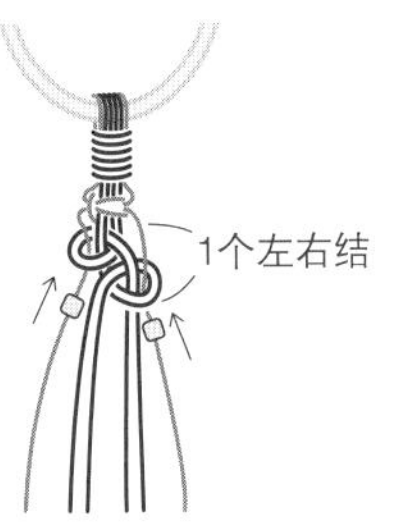

4. 以右侧的3根线为芯线，用左侧的2根200cm的线缠绕橡皮筋。
※步骤**3**、**4**是1个左右结。

5. 编织1个左右结。把步骤**2**中穿好的串珠，左右两侧各向上推拉1颗。

6. 重复步骤**3~5**，编织35cm长。
※根据线结的松紧程度，加减需要的串珠数量。

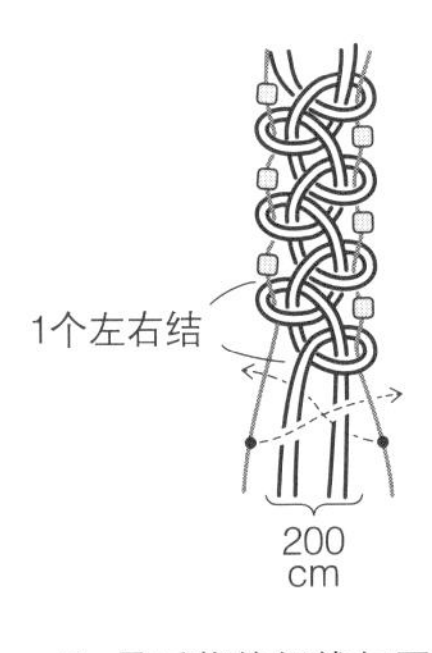

7. 最后将编织线如图所示摆放，以4根200cm长的线为芯线，编织1个左上平结。

图片
p.31　103　发贴

●材料

亚麻线（细）　米白色（No.2）150cm 1根、60cm 14根，黑色（No.5）60cm 7根
圆形大串珠　黑色（401F号）48颗、白色（2021号）24颗
发贴配件（K1596/S）1个

【尺寸】约9cm×3.5cm

图片
p.31　104　发贴

●材料

亚麻线（细）　自然色（No.1）80cm 1根、40cm 11根，带金银线米白色（No.2）40cm 10根
圆形大串珠　银色（181号）63颗
发贴配件（K1596/S）1个

【尺寸】约9cm×4cm

103 发贴

①编织横卷结（p.38）的同时穿过串珠。
②翻到反面，可以看到串珠的一侧为正面。

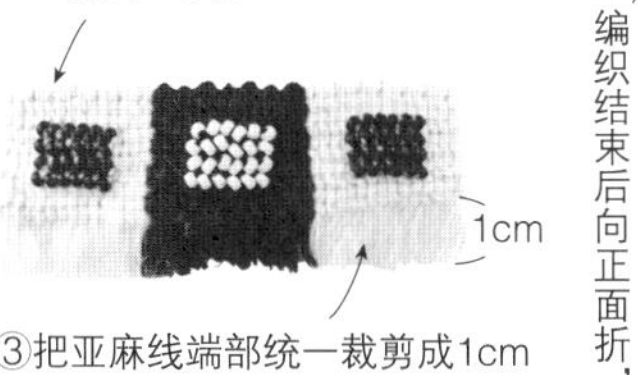

③把亚麻线端部统一裁剪成1cm长，将其打散，形成流苏状。
④用黏合剂将发贴配件粘贴在后面。

①符号图

1. 以150cm长的线为芯线，按照米白色、黑色、米白色的顺序分别添加7根60cm的线（卷结添加线的方法参照p.65）。

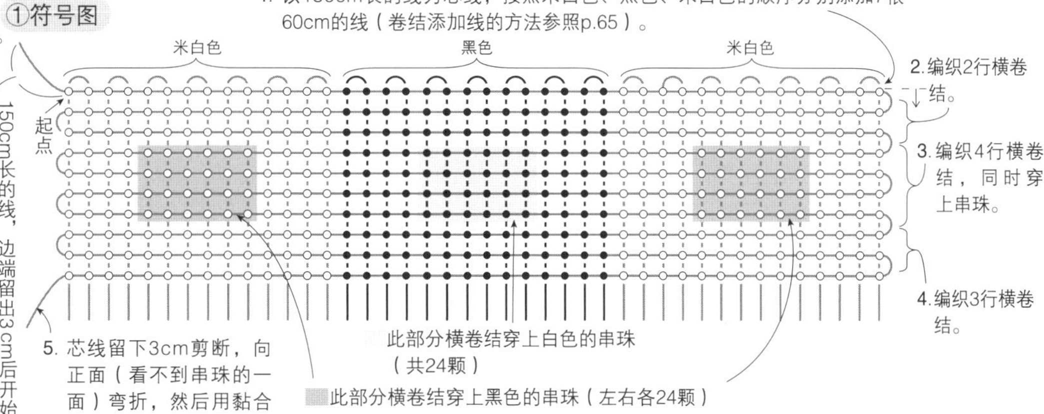

2. 编织2行横卷结。
3. 编织4行横卷结，同时穿上串珠。
4. 编织3行横卷结。
5. 芯线留下3cm剪断，向正面（看不到串珠的一面）弯折，然后用黏合剂粘贴固定。

此部分横卷结穿上白色的串珠（共24颗）
此部分横卷结穿上黑色的串珠（左右各24颗）

150cm长的线，边端留出3cm后开始编织。编织结束后向正面折，然后用黏合剂固定

104 发贴

①编织横卷结（p.38）。
②翻到反面，编织横卷结，同时穿上串珠。
③翻到正面（可以看到串珠的一侧为正面）。

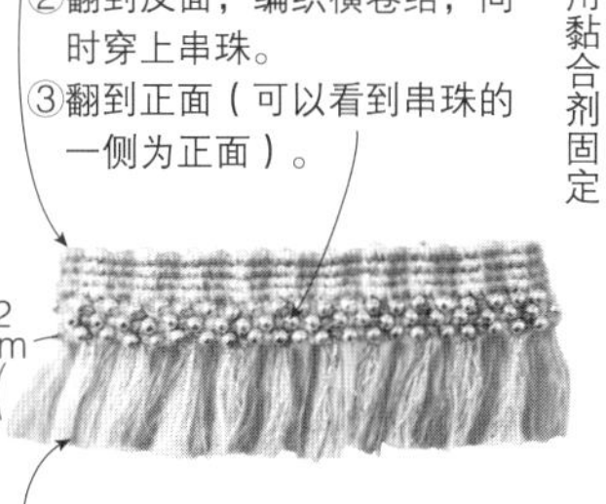

④把线的端部统一裁剪成2cm长，将其打散，形成流苏状。
⑤用黏合剂将发贴配件粘贴在后面。

①符号图

1. 以80cm的线为芯线，按照自然色和带金银线米白色线交替的方法分别添加40cm的线（共21根）（卷结添加线的方法参照p.65）。

自然色　带金银线
起点

2. 编织3行横卷结。

接着☆处编织
接着②编织

80cm的线，一端留出3cm后开始编织。编织完成后，向反面折，用黏合剂固定

②符号图

①翻到反面
☆

1. 编织3行横卷结，同时穿上串珠。
2. 芯线留下3cm剪断，向反面（看不到串珠的一面）弯折，然后用黏合剂粘贴固定。

串珠从这部分的横卷结中穿过

［卷结符号的看法］

编织线
线结
芯线

横卷结~串珠的穿法

从左向右编织

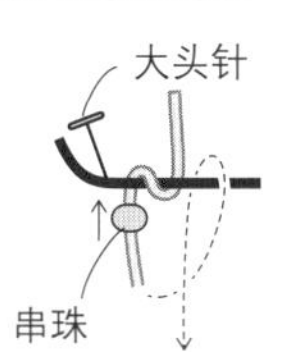

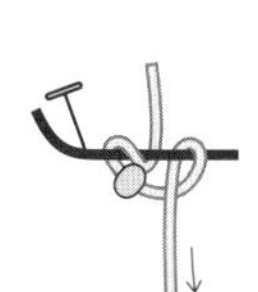

<反面>

1. 如图所示，编织横卷结之后，穿过1颗串珠。然后按照箭头所示继续编织。
2. 拉紧编织线。这时，将串珠移到芯线的后面。
3. 1个结编织完成。串珠移到反面。

从右向左编织

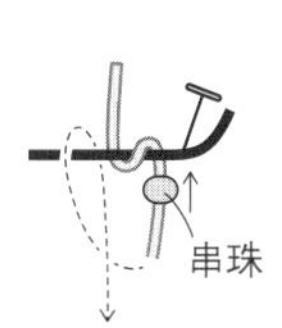

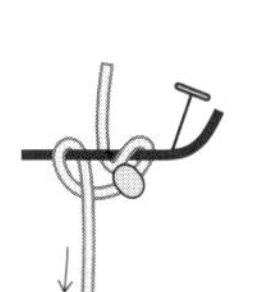

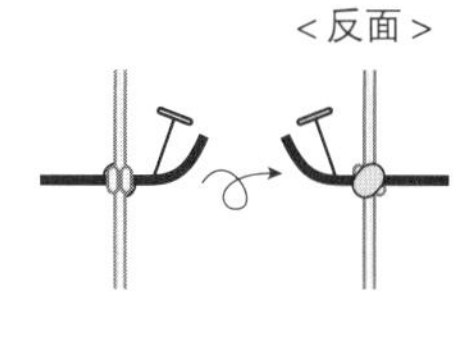

1. 如图所示，编织横卷结之后，穿过1颗串珠。然后按照箭头所示继续编织。
2. 拉紧编织线。这时，将串珠移到芯线的后面。
3. 1个结编织完成。串珠移到反面。

图片
p.31　**105、106 发圈**

●材料

Hemp Twine（中粗）
105 铅红色（342），**106** 蓝色（330）
各220cm 1根、各150cm 1根
105 黄铜串珠　（AC1132）、（AC1133）各20颗
自然风木制串珠　圆盘形10mm×4mm、白色木制（W641）10颗
彩色玻璃串珠　透明粉色（AC953）10颗

106 银色黄铜串珠　（AC1462）20颗
迷你彩色玻璃串珠　透明亚光色（AC913）20颗
骨质串珠　（AC1221）10颗
彩色玻璃串珠　透明蓝色（AC919）10颗
105、106 通用
橡皮筋（线圈款）　黑色 直径5.5cm

【尺寸】直径约10cm

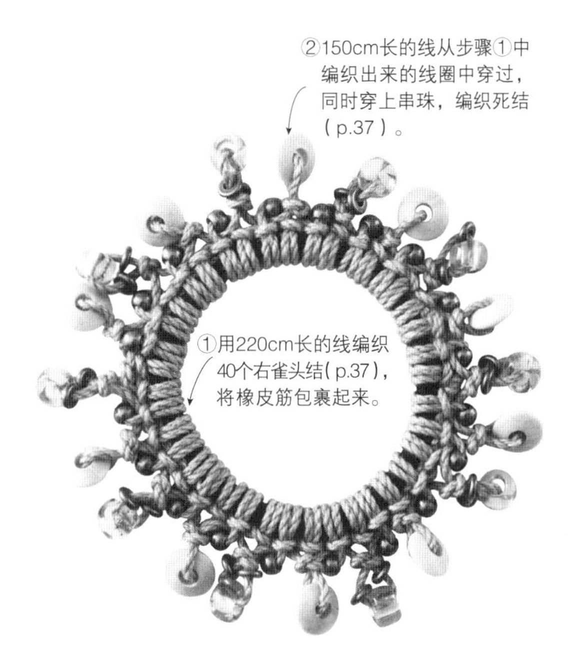

①编织方法

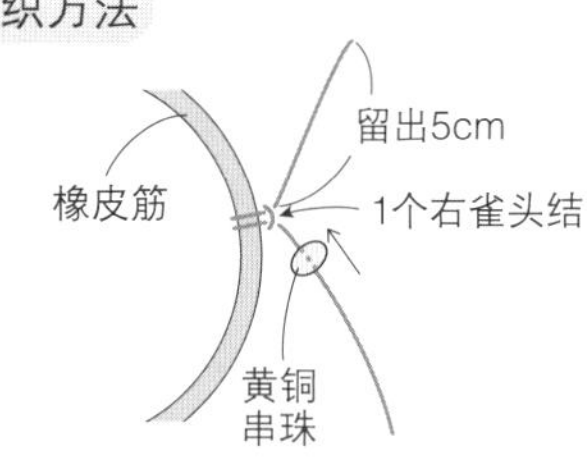

1. 以橡皮筋为中心，220cm长的线端留出5cm后，编织1个右雀头结。穿上1颗黄铜串珠（**105**…AC1132、**106**…AC1462）。

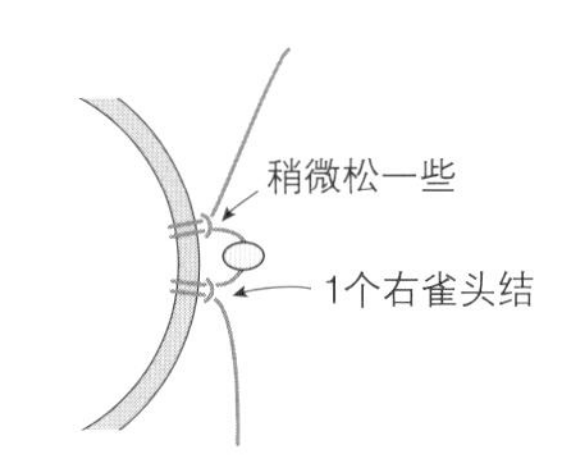

2. 编织1个右雀头结。接着，按"编织1个右雀头结，穿1颗黄铜串珠，编织1个右雀头结"这样的顺序共编织19次（一共穿上20颗串珠）。

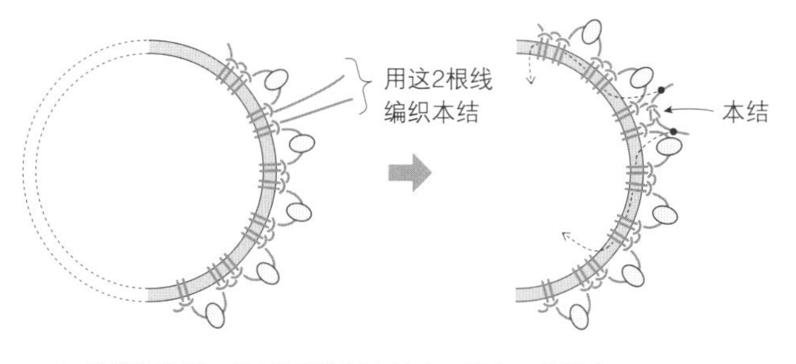

3. 编织结束后，用2根线编织本结（p.37），用黏合剂将结粘贴。编织线从毛线用的手缝针中穿过，将线头拉入雀头结的线结中后剪断。

②串珠的穿法，死结的编织方法

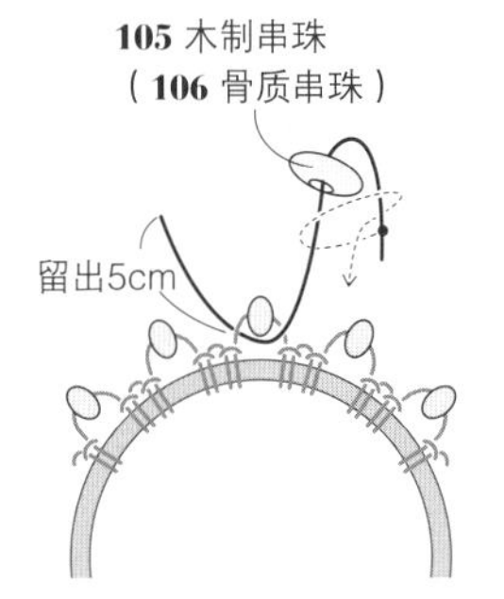

1. 150cm长的线留出5cm后从步骤①穿有串珠的线圈中穿过，**105**是穿过1颗木制串珠（**106**是穿过1颗骨质串珠），然后如图所示编织死结。

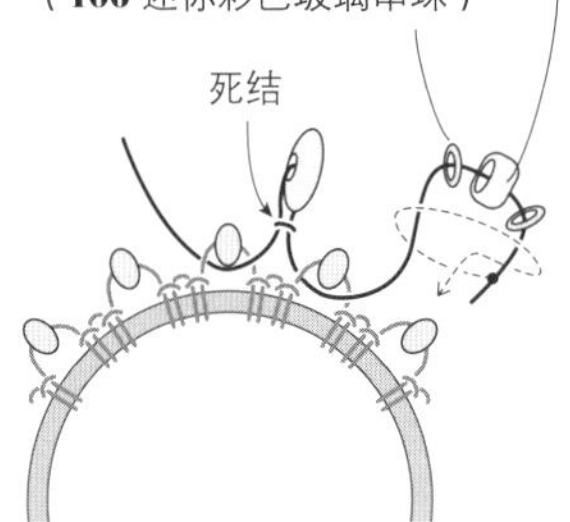

2. 线继续从下一个线环中穿过，然后如图所示，穿过3颗串珠后编织死结。

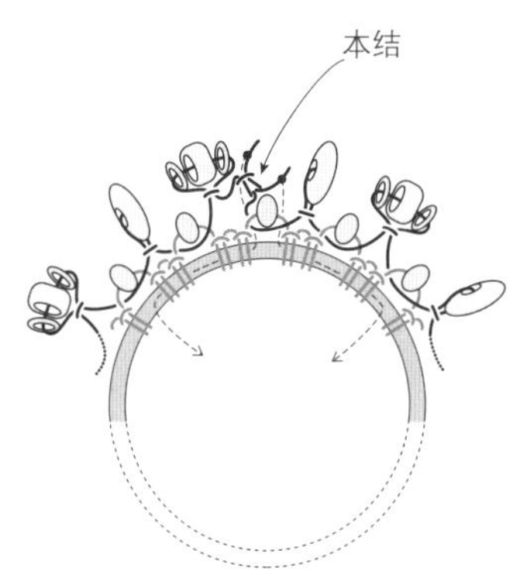

3. 编织的时候交替着穿过步骤**1**、**2**中的串珠后编织死结。编织完1圈后，按照和步骤①-**3**相同的方法，用编织线的一头编织本结，然后将线头收至雀头结的线结中。

图片

p.31 **107、108 发梳**

●材料

Micro Macrame Cord
107 黑色（1458），**108** 砖红色（1445）各100cm 2根、各80cm 4根、各60cm 2根、各40cm 1根
107 银色黄铜串珠 （AC1464）18颗、（AC1467）4颗
彩色玻璃串珠 锡青铜色（AC915）5颗

108 黄铜串珠（AC1132）18颗、（AC1137）4颗
彩色玻璃串珠 透明紫色（AC954）5颗
107、108 通用
尼龙线 25cm 4根
发梳 宽8.5cm

【尺寸】约10cm×5cm（包含金属配件）

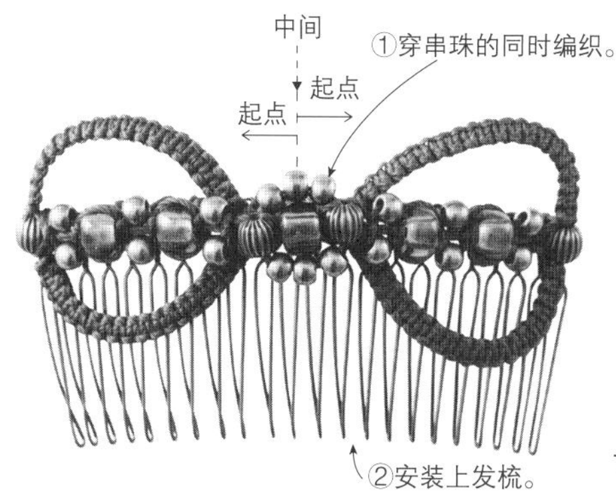

①串珠的穿法、编织方法

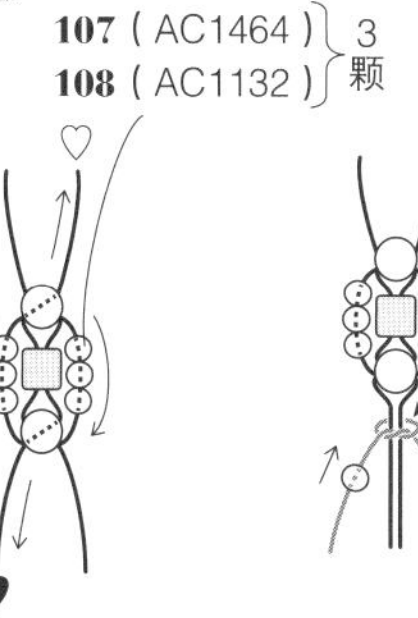

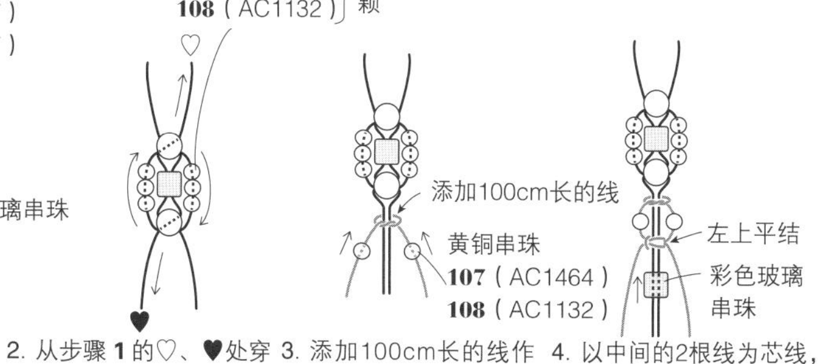

1. 2根60cm长的线对齐成一束，彩色玻璃串珠从中间穿过，在上下交叉编织线，然后穿过黄铜串珠。

2. 从步骤**1**的♡、♥处穿过3颗串珠，如图所示，穿好在步骤**1**所穿过的串珠。

3. 添加100cm长的线作为编织线。从编织线的左右两侧分别穿过1颗串珠。

4. 以中间的2根线为芯线，编织1个左上平结。1颗彩色玻璃串珠从2根芯线中穿过。

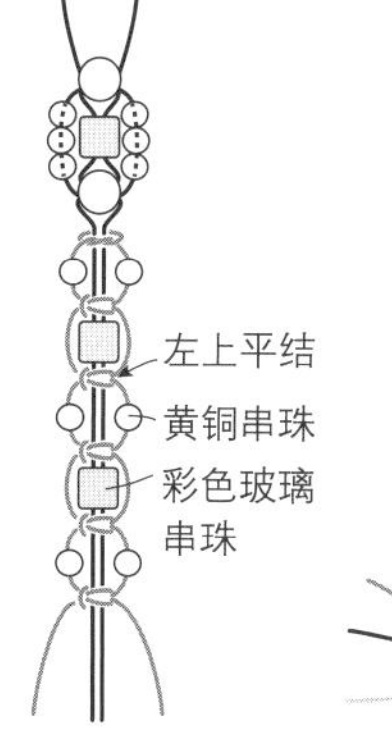

5. 然后继续编织1个左上平结，如图所示，穿过彩色玻璃串珠、黄铜串珠，同时编织左上平结。

6. 中间的2根线交叉，穿上黄铜串珠。线2根一组分开，分别添加80cm的线作为编织线使用。

7. 上下调换，用步骤**6**中添加的编织线编织20个左上平结。左侧也按照相同方法编织20个左上平结。

8. 中间的另一侧也按照步骤**3~7**的方法编织。

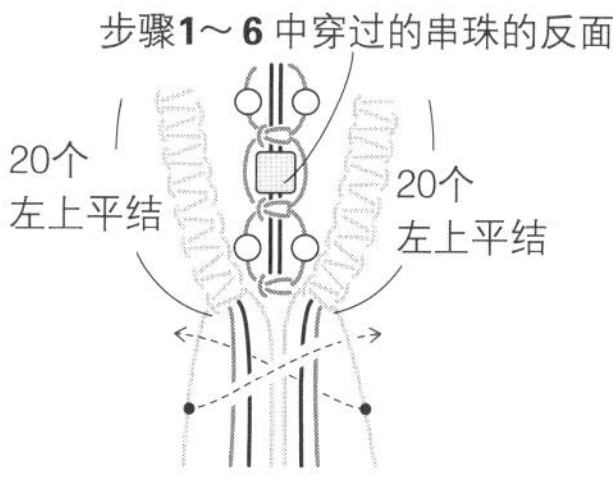

9. 编织好的部分翻到反面，将步骤**7**中编织完的左、右两侧平结的端部对齐，以两边的2根线为编织线，中间的6根线为芯线，编织1个左上平结。另一侧平结也按照相同方法编织。

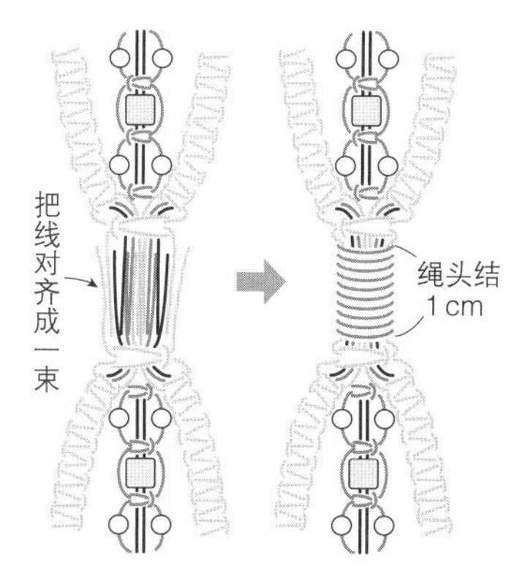

10. 用左上平结处理过的2部分一起在中间对齐成一束，用40cm的线编织1cm绳头结。剪掉绳头结多出来的线头，烧熔固定（p.33❾）。

②安装发梳的方法

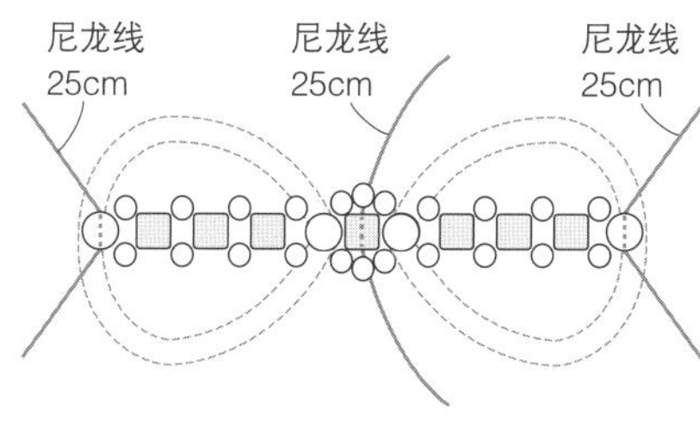

1. 从反面，将尼龙线从中间和两端的串珠中穿过。

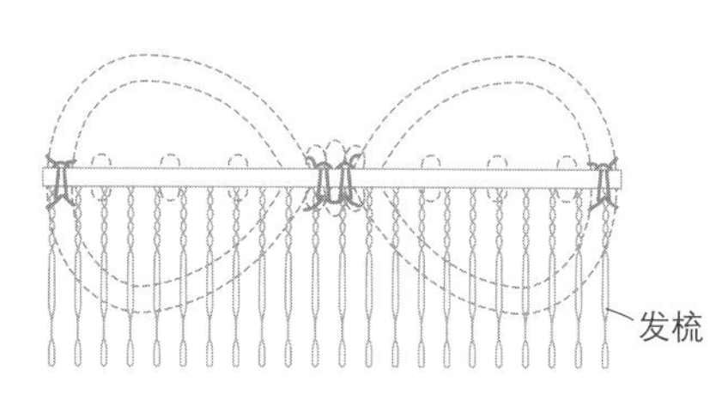

2. 用步骤**1**中的尼龙线将发梳固定，用黏合剂将结粘贴。然后把多出来的尼龙线剪掉。

图书在版编目（CIP）数据

用麻绳、麻线编织的幸运饰物108款 / 日本宝库社编著；甄东梅译. —郑州：河南科学技术出版社，2021.8
ISBN 978-7-5725-0411-2

Ⅰ. ①用…　Ⅱ. ①日…　②甄…　Ⅲ. ①手工编织-图集　Ⅳ. ①TS935.5-64

中国版本图书馆CIP数据核字（2021）第087967号

出版发行：河南科学技术出版社
　　地址：郑州市郑东新区祥盛街27号　　邮编：450016
　　电话：（0371）65737028　　65788613
　　网址：www.hnstp.cn
策划编辑：刘　欣
责任编辑：刘　瑞
责任校对：王晓红
封面设计：张　伟
责任印制：张艳芳
印　　刷：河南博雅彩印有限公司
经　　销：全国新华书店
开　　本：889 mm × 1 194 mm　1/16　印张：5　字数：150千字
版　　次：2021年8月第1版　2021年8月第1次印刷
定　　价：49.00元